"十四五"普通高等教育本科部委级规划教材

针织毛衫设计

裘玉英　主编

李雅靓　刘艳梅　**副主编**

中国纺织出版社有限公司

内 容 提 要

本书从针织毛衫概述、组织设计、造型设计、色彩设计、装饰设计、整体设计等方面详细阐述了针织毛衫款式设计的特点和方法步骤，并结合系列毛衫主题设计案例讲解了如何根据流行趋势进行针织毛衫的主题系列设计。

本书既可作为高等院校服装专业课程教材，也可供毛衫行业的设计师、技术人员、产品开发人员等参考学习。

图书在版编目（CIP）数据

针织毛衫设计／裘玉英主编；李雅靓，刘艳梅副主编 . -- 北京：中国纺织出版社有限公司，2023.5
"十四五"普通高等教育本科部委级规划教材
ISBN 978-7-5229-0500-6

Ⅰ . ①针⋯ Ⅱ . ①裘⋯ ②李⋯ ③刘⋯ Ⅲ . ①毛衣－针织工艺－高等学校－教材 Ⅳ . ① TS941.763

中国国家版本馆 CIP 数据核字（2023）第 062996 号

责任编辑：魏　萌　朱冠霖　　责任校对：江思飞
责任印制：王艳丽

中国纺织出版社有限公司出版发行
地址：北京市朝阳区百子湾东里 A407 号楼　邮政编码：100124
销售电话：010—67004422　传真：010—87155801
http://www.c-textilep.com
中国纺织出版社天猫旗舰店
官方微博http://weibo.com/2119887771
北京通天印刷有限责任公司印刷　各地新华书店经销
2023 年 5 月第 1 版第 1 次印刷
开本：787×1092　1/16　印张：10.25
字数：226千字　定价：59.80元

前 言
PREFACE

针织毛衫是针织服装中最具特色的门类，相对于其他针织服装和机织服装而言，由于其纬向线圈串套的结构特征决定了整体外观风格有很大的特殊性，在设计方法、设计元素、工艺设计方面都有其独自的体系。针织毛衫可使用的原料范围比较广，有羊毛、羊绒、羊仔毛、兔毛、驼毛、马海毛、牦牛毛和化学纤维以及各种混纺纱等。因针织毛衫的原料性能以及组织结构的变化，其具有很好的延展性、回缩性、保暖性、透气性和吸湿性等特点。视觉上，外观雅致、色彩饱满、光泽亮丽，且悬垂贴身，有适度的变形感，平展而有层次；触觉上，蓬松而有体积感，柔软而有身骨，有良好的回弹性，细腻、轻薄而不乏丰满，穿着贴体、舒适，无束缚感，经久耐穿。如今，针织毛衫款式新颖、色泽鲜艳、花色品种繁多，既可内穿也可当作外衣穿用，男女老幼皆宜，且穿着美观大方，因此针织毛衫深受广大消费者的青睐。同时，众多一线国际大牌在产品线中也开始纳入针织服装类别，针织毛衫逐步登入高级时装的大雅之堂，且趋于时装化、外衣化、个性化、功能化和高档化。针织毛衫在现代人的生活中占据越来越重要的地位，因此其款式设计就显得尤为重要。

毛衫款式设计有其独特性。其设计是从纱线的选择开始，通过纱线的合理运用搭配组织结构的设计，再和毛衫造型设计、色彩设计、装饰设计相结合，从而完成创新的、时尚的、符合现代消费者需求的毛衫产品设计。

本书从针织毛衫概述入手，结合组织设计、造型设计、色彩设计和装饰设计等全面介绍了针织毛衫设计的相关内容。第一章介绍了针织毛衫的特点与分类、针织毛衫生产用纱和生产工艺流程、针织毛衫的尺寸测量和成品规格尺寸表示方法等；第二章介绍了针织毛衫组织结构表示方法和组织设计原则、针织毛衫常见组织的种类特性和组织设计等；第三章介绍了针织毛衫造型设计的形式美法则、针织毛衫的外部轮廓设计和内部结构设计以及针织毛衫各个部件的造型设计等；第四章介绍了色彩基础知识、服装色彩的特性、针织毛衫色彩设计、配色形式美法则及针织毛衫配色原理等；第五章介绍了针织毛衫装饰设计分类、装饰方法及装饰效果等；第六章介绍了针织毛衫风格分类及特点、针织毛衫设计灵感及系列毛衫主题设计案例分析等。

本书为校企合作教材，在编写过程中得到了浙江爵派尔科技发展有限公司、浙江爵派尔服饰有限公司的大力支持，在此表示衷心的感谢。

感谢服装设计与工程专业2020级毛衫方向的学生完成的优秀作品和POP服装流行趋势网，为本教材的编写提供了素材。

本书在编写过程中还参考了很多专家教授出版的著作和论文等，在此表示感谢。同时向所有关心、支持和帮助本书写作和出版的朋友们表示衷心的感谢。

由于作者水平有限，书中难免存在缺点和错误之处，敬请读者批评指正。

编者
2023年1月

教学内容与课时安排

章（课时）	课时性质（课时）	节	课程内容
第一章 （2课时）	理论与实践 （32课时）	●	针织毛衫概述
		一	针织毛衫的特点与分类
		二	针织毛衫生产
		三	针织毛衫测量和规格尺寸
第二章 （4课时）		●	针织毛衫组织设计
		一	针织毛衫组织设计方法
		二	针织毛衫常见组织及设计
第三章 （8课时）		●	针织毛衫造型设计
		一	针织毛衫造型法则
		二	针织毛衫外部轮廓设计
		三	针织毛衫内部结构设计
第四章 （4课时）		●	针织毛衫色彩设计
		一	针织毛衫色彩设计特点
		二	针织毛衫色彩设计原理
第五章 （4课时）		●	针织毛衫装饰设计
		一	针织毛衫基本装饰分类
		二	针织毛衫基本装饰方法及效果
第六章 （10课时）		●	针织毛衫整体设计
		一	针织毛衫设计风格
		二	针织毛衫案例分析

注：各院校可根据自身的教学特色和教学计划对课程时数进行调整。

目 录
CONTENTS

第一章
针织毛衫概述

本章知识点:

1. 针织毛衫的特点及分类。

2. 针织毛衫生产用纱。

3. 针织毛衫生产设备及生产工艺流程。

4. 针织毛衫尺寸测量。

　　随着信息技术在纺织服装行业的应用，针织生产工艺技术不断升级，纺织纤维、针织纱线不断创新，针织毛衫以其款式多变、穿着舒适受到了越来越多消费者的喜爱，已经成为人们日常生活中不可缺少的一部分。同时市场需求的多元化和个性化，使针织毛衫的品种和款式越来越丰富，针织毛衫逐渐向外衣化、时装化、系列化发展。

　　针织毛衫产品设计是提高针织毛衫附加值的关键，更是产品占领市场、开拓市场的基础，要求产品设计者了解国内外最新的原料资源，熟悉各种原料的性能和特点，了解生产编织设备的生产能力、性能及加工工艺，把握市场的最新流行趋势，结合不同地区消费者的喜好，合理地选择纱线、色彩及配色、款式造型及辅料、修饰和工艺等，从而才能设计出有特色、有个性、符合市场需求的针织毛衫。

第一节　针织毛衫的特点与分类

一、针织毛衫的结构

　　针织毛衫是指用毛纱或毛型化纤纱等编织而成的针织衣物，其结构单元由线圈、悬弧和浮线构成，最基本的结构单元为线圈，线圈呈三度弯曲的空间曲线，其线圈几何形态如图1-1所示。一个完整的线圈（0-6或1-7）由圈柱（1-2、4-5）、针编弧（2-3-4）和沉降弧（5-6-7）组成，如图1-2所示；针编弧和沉降弧统称为圈弧。

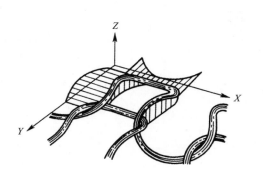

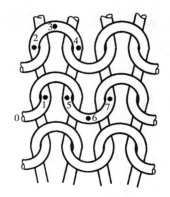

图1-1　线圈几何形态　　　　　　　图1-2　线圈构成

二、针织毛衫的特点

针织毛衫由线圈相互串套而成，线圈之间会存在较大的空隙且不稳定，受到外力的作用后线圈容易发生变形，从而使针织毛衫具有很好的延伸性和弹性，穿着后能满足人体各部位的弯曲、伸展的需要，穿着合体，没有拘谨感，且具有较好的抗皱性；针织毛衫的线圈结构还能保存较多的空气，因而透气性和保暖性较好，手感柔软，穿着舒适。针织毛衫适用的原料较广，羊毛、羊绒、兔毛、驼毛、大豆纤维、珍珠蛋白纤维、牛奶纤维、化学纤维以及各种混纺纱等纺织原料均可用来编织毛衫，加上编制设备的自动化和功能不断升级，使针织毛衫的款式越来越新颖，花色品种更加丰富，受到越来越多消费者的喜爱。

三、针织毛衫的分类

针织毛衫花色品种很多，类型也非常广，一般可根据原料成分、纺纱工艺、织物结构、产品款式、编织机械、修饰花型、整理工艺等分类。

（一）按原料分类

1. 纯毛类织物

羊毛、羊绒、羊仔毛（短毛）、雪莱特毛、马海毛、驼绒及兔毛等纯毛织物。

2. 混纺纯毛织物

用驼毛/羊毛，兔毛/羊毛，牦牛毛/羊毛等两种或两种以上纯毛混纺和交织的织物。

3. 各类纯毛与化纤混纺交织织物

用羊毛/化纤（毛/腈、毛/锦、毛/黏、毛/大豆纤维）、马海毛/化纤、羊绒/化纤、羊仔毛/化纤和兔毛/化纤等原料混纺或交织的织物。

4. 纯化纤类织物

用腈纶、涤纶、天丝纤维、莫代尔纤维和大豆纤维等纯化纤原料编织的织物。

5. 化纤混纺织物

用腈纶/涤纶、腈纶/锦纶、腈纶/牛奶纤维等纯化纤原料混纺或交织的织物。

其他还有纯棉织物及棉与其他纤维混纺织物，如棉/丝、棉/毛、棉/天丝等混纺织物；还有绢丝织物及丝/毛、丝/羊绒等混纺织物；还有多种纤维混纺织物，如三合一的天丝、羊毛、锦纶混纺等。

（二）按纺纱工艺分类

1. 精纺类

由精梳毛纺系统加工而成的精纺纯毛或混纺毛衫编织而成的各种产品，如精纺羊毛衫、精纺毛/腈衫等。

2. 粗纺类

由粗梳毛纺系统加工而成的粗纺纯毛或混纺毛纱编织而成的各种产品，如兔毛衫、羊绒衫、羊仔毛衫、驼毛衫等。

3. 半精纺类

由半精纺系统加工而成的半精纺羊绒系列纱线、半精纺混纺纱线（丝/羊绒纱、丝/棉纱、牦牛绒纱，以天丝、莫代尔、竹丝、汉麻、大豆纤维为主的系列混纺纱）编织而成的各种产品。

4. 花式纱类

由双色纱、大珠绒、小珠绒等花式针织绒线编织成的产品，如大珠绒衫、小珠绒衫、圈圈衫等。

（三）按织物组织结构分类

针织毛衫所用的织物组织结构主要有纬平针、罗纹、双反面、四平针、提花、移圈、扳花（波纹）、添纱、集圈、毛圈，以及各类复合组织等。

（四）按产品款式分类

针织毛衫的款式主要有针织开衫、针织套衫、针织背心、针织裤，针织裙、针织套装（帽、衫、裤），以及各类外衣、围巾、披肩、帽子和手套等产品。

（五）按编织机械分类

针织毛衫按编织机械分有圆机产品和横机产品两种。

1. 圆机产品

指用圆型针织机先织成圆筒形坯布，然后裁剪加工缝制成的毛衫。圆机速度快、产量高，但需通过裁剪形式来获得所需的形状和尺寸，裁剪损耗大，一般采用低档原料针织毛衫的编织。

2. 横机产品

指用横机直接编织成成型衣片，然后经加工缝合制成的毛衫。横机可采用放针和收针工艺来达到各部位所需的形状和尺寸，无须通过裁剪即可成衣，既节约原料，又减少工序，花型变化多，翻改品种方便，多用来编织以动物纤维为原料的中高档针织毛衫产品。

（六）按修饰花型分类

针织毛衫的修饰花型主要有绣花、扎花、贴花、印花、珠绣、扎染、贴珠片等。

（七）按整理工艺分类

针织毛衫的整理工艺主要有拉绒、轻缩绒、重缩绒、各种特殊整理（防起毛起球、防缩、阻燃）和功能性整理如抗菌防臭、防辐射、防紫外线、抗静电、防污自洁等。

针织毛衫除了按上述几种方法分类外，还可以按照消费者的年龄、消费者的性别和服装档次等分类。按年龄可分为婴儿服、儿童服、成人服（青年服、中年服、老年服）；按性别可分为男装、女装；按服装档次可分为高档、中档和低档针织毛衫。

四、针织毛衫织物的物理机械指标

（一）线圈长度

线圈长度是指构成每一只线圈的纱线长度，一般以毫米（mm）为单位。线圈长度是针织毛衫织物的一项重要物理指标，不仅影响织物的密度，而且对织物的脱散性、延伸性、弹性、透气性、抗起毛起球、勾丝性等都有很大的影响。

（二）密度

密度是用来表示纱线线密度相同条件下织物的稀密程度，指织物在规定的长度内的线圈数。由于针织毛衫在加工过程中容易受到拉伸而产生变形，因此在测试毛衫的密度前，应松弛试样，使之达到平衡状态。

（三）单位面积标准重量

单位面积标准重量是指在公定回潮率时织物单位面积的重量，是考核针织毛衫织物的一项重要指标。组织结构不同，编织机的机号不同，所用纱线种类和粗细不同，单位面积标准重量均会不同。

（四）厚度

针织毛衫织物的厚度取决于组织结构、线圈长度和纱线线密度等因素，可用测厚仪直接测得。厚度的大小会影响织物的手感、保暖性等。

（五）脱散性

脱散性是指织物中的纱线断裂或线圈失去串套联系后，线圈和线圈相分离的现象。当纱线断裂后，线圈沿断裂处纵行脱散下来，就会使织物的强力和外观受到影响。织物的脱散性与其组织结构、纱线摩擦系数和纱线的抗弯刚度、强度、织物密度等因素有关。

（六）卷边性

在自由状态下，针织毛衫织物布边发生包卷的现象称为卷边性。这是因为线圈中弯曲纱线具有内应力，力图伸直而引起的现象。卷边性与织物的组织结构、纱线的弹性、纱线捻度和织物密度等因素相关。

（七）弹性

弹性是指当引起变形的外力去除后，织物恢复原状的能力。弹性与织物的组织结构、纱线的弹性、摩擦系数等有关。

（八）顶破强力

顶破强力是指织物在连续增加的负荷作用下，至顶破时所能承受的最大负荷，用牛顿（N）表示，它是针织毛衫成品检验考核的指标之一。

（九）透气性

透气性是指织物在服用过程中空气穿过织物的难易程度，透气性与纱线的线密度、几何形态以及织物的密度、厚度、组织结构、染整后加工等因素有关。

（十）保暖性

保暖性是指织物在服用过程中保持温度、抵御寒冷的能力，保暖性与纱线的物理性质、织物的密度、厚度、组织结构、染整后加工等因素有关。

（十一）缩率

缩率是指织物在加工或使用过程中长度和宽度的变化，缩率可正可负，如横向收缩而纵向增长，则横向缩率为正而纵向缩率为负，即正值表示缩短，负值表示增长。

（十二）耐磨性

耐磨性是指针织毛衫织物在服用过程中，与其他物体相摩擦时，保持织物强度较少减弱和织物外观较小变化的能力，耐磨性与纱线的物理性能、织物的组织结构、密度和厚度等有关。

（十三）钩丝和起毛起球

毛衫织物在服用过程中，如碰到坚硬的物体，织物中的纤维或纱线就会被钩出或钩断，在织物表面形成丝环或丝球，称为钩丝。在穿着和洗涤过程中不断经受摩擦，针织物中的纤维就会被磨断或抽出而凸出于织物表面，形成毛茸，称为起毛。若这些毛茸不能及时脱落而相互纠缠在一起，就会在织物表面上形成纤维团，即球形小粒，若不能及时脱落，就会停留在织物的表面，称为起球。影响钩丝和起毛起球的因素很多，主要有原料的性质、纱线的结构、织物的组织结构、染整后加工及成品的服用情况等。

第二节　针织毛衫生产

一、针织毛衫生产用纱

（一）针织毛衫生产用纱种类

针织毛衫生产用纱种类丰富，可根据不同方式进行分类，如图1-3所示为各式各样的纱线。

根据纱线的股数、线密度和用途作为区分的标准，可分为编结绒线和针织绒线两大类。编结绒线又称手编绒线或毛线，是指股数为两股或两股以上，但合股线密度在167tex以上（6公支以下）的绒线，除用于手编用途外，也可用于粗机号横机编织羊毛衫、裤。其中400tex以上（2.5公支以下）者称为粗绒线，400～167tex（2.5～6公支）称为细绒线。针织

图1-3 纱线

绒线是指线密度在167tex（6公支）以下的单股或双股专供针织横机加工使用的绒线，是针织毛衫生产中使用量最大的纱线。

根据纺纱方式不同，可分为精纺绒线、粗纺绒线和半精纺绒线。精纺绒线指的是用纤维平均长度在75mm以上的羊毛或毛型化纤经精梳毛纺系统加工而成的绒线，又称精梳绒线。精纺绒线条干均匀，光洁度高、强力高，宜于生产布面平整、纹路清晰的针织毛衫产品。粗纺绒线指的是用平均长度为55mm左右的毛型纤维经粗梳毛纺系统纺制而成的绒线，又称粗梳绒线，含有较多的短纤维，纱中纤维平行伸直度差，所以条干均匀度差，强力较低。粗纺绒线主要用于横机毛衫产品，经缩绒整理后产品毛感强，手感柔软，布面丰满、蓬松，保暖性好，穿着舒适，风格独特深受消费者的喜爱。半精纺绒线指的是采用棉纺技术与毛纺技术融合，形成一种新型的多组分混合半精纺工艺纺制的绒线。半精纺绒线的原料涵盖了从山羊绒、羊毛、兔毛、绢丝、棉、麻等天然纤维，大豆蛋白纤维、牛奶蛋白纤维、竹纤维、黏胶纤维等再生纤维以及涤纶、腈纶、锦纶等合成纤维；可实现棉、毛、丝麻等天然纤维及与其他再生纤维、合成纤维多组分混纺，实现优势互补。

根据纱线形态的不同，可分为普通纱线、膨体纱线和花色纱线，普通纱线和膨体纱线是针织毛衫生产中最常用的纱线。膨体纱线是指由两种不同收缩率的纤维混纺成纱线后，将纱线放在蒸汽或热空气或沸水中处理，收缩率高的纤维产生较大收缩，位于纱的中心，而混纺在一起的低收缩纤维，由于收缩小，而被挤压在纱线的表面形成圈形，从而得到蓬松、丰满、富有弹性的纱线。花色纱线是指在纺纱和制线过程中采用特种原料、特种设备或特种工艺对纤维或纱线进行加工而得到的具有特种结构和外观效应的纱线，是纱线产品中具有装饰作用的一种纱线。

根据纱线原料的不同，可分为纯毛、化学纤维以及棉的纯纺纱线和混纺纱线，也有毛与麻、毛与绢丝混纺纱线等。常见的动物毛纱有羊毛纱、羊绒纱、马海毛纱、兔毛纱、羊仔毛纱、驼毛（绒）纱、牦牛绒（毛）纱、雪兰毛纱等，常用的化纤纱有腈纶、锦纶、黏胶纱和涤纶纱等。羊毛纱通常指绵羊毛纱，绵羊毛纤维强度高，鳞片较多，弹性、热可塑性、缩绒性好，织成的毛衫平整挺括、纹路清晰表面光洁且弹性好。羊绒纱是指从山羊身上梳抓长毛之下覆盖的细密绒毛为原绒，经分梳除去粗毛皮屑等杂质后所得的纯细净绒，经特殊纺纱系统纺制而成的纱；羊绒具有轻暖糯滑光泽好等其他纤维所不及的特性，素有纤维之王、软黄金、纤维宝石等美称，是珍贵的毛衫原料。马海毛纱又称为安哥拉羊毛，纤维较长，带有特殊的波浪弯曲，光泽明亮弹性好，手感软中有骨，原毛较洁净，但纤维抱合力较差；马海毛纱宜做蓬松毛衫，毛衫成衫后一般经缩绒处理或拉绒整理，以显示表面有较长光亮纤维的独特风格。兔毛纱一般是由长毛兔身上剪下的毛纤维纺制而成，纤维洁白、光泽好、纤细、蓬松、柔软，体积质量轻，保暖性好，但抱合力差，强力低，纺纱性和缩绒性都较差，不宜用作纯纺，多采用兔毛/羊毛混纺成纱；兔毛衫经缩绒处理后具有质轻、绒浓、丰满糯滑的特色。羊仔毛纱是由小羊羔的毛纺制而成的纱线，羊仔毛细、短、软，常与羊毛、羊绒、锦纶等混纺成粗纺羊仔毛纱，编织的羊仔毛衫毛感较强而且柔软、蓬松、弹性好。驼毛（绒）纱是从骆驼身上用梳子采集的绒毛经毛纺系统纺制而成的纱；驼绒缩绒性较差，性质与山羊绒毛相近，是针织毛衫常用的原料，具有蓬松、质轻、柔软、保暖性好等优点。牦牛绒（毛）纱是用牦牛身上的绒毛经梳理加工纺制而成的纱线，牦牛绒纤维细长，性能与羊毛相似，由于其产量较少，因此十分名贵。雪兰毛纱又称雪特莱毛纱，原产于英国，含少量粗毛，多用于粗纺毛衫，产品手感柔软、富有弹性、光泽好，宜做粗犷风格的毛衫。腈纶纱可分为正规腈纶纱和腈纶膨体纱（由聚丙烯腈纤维纺纱后经膨松加工而成）两种，染色牢度好，颜色鲜艳，富有光泽，保暖性好，且不易虫蛀，是价廉物美的毛衫原料。锦纶纱以锦纶弹力丝应用较多，体积质量轻，弹性好，耐腐蚀，不虫蛀，但耐光性差。黏胶纱又称人造棉，纤维表面光滑，反光能力强，染色性能好，耐热吸湿，与天然棉纤维相近，湿强力较低，缩水率大，易变形，弹性与保暖性较差。涤纶纱抗皱性、保型性、耐热性好，易洗易干，但吸湿性和染色性差，易起毛起球。近些年，随着纺织技术的不断进步，一些新型纤维纱线也被不断开发，应用到针织毛衫生产中，如莫代尔纤维、甲壳素纤维、聚乳酸纤维、纳米纤维等，以满足针织毛衫生产的个性化、功能化等需求。

（二）毛纱的货号和色号

从毛纺厂出来的毛纱，可用货号来表示其采用的原料、纺纱方式、毛纱的支数等，用色号来表示毛纱的颜色色谱及颜色的深浅。

1. 毛纱的货号

根据有关部门发布的绒线质量标准规定，绒线分为编结绒线（简称绒线）和针织绒线（针织绒）两类，其货号一般由四位阿拉伯数字组成，分别表示产品的纺纱方法和类别、纱线原料和毛纱线密度。

（1）第一位数字表示产品的纺纱方法和类别。

0——精纺绒线（可省略）

1——粗纺绒线

2——精纺针织绒线

3——粗纺针织绒线

5——试制品

H——花色绒线

（2）第二位数字代表该产品所用原料的种类。

0——山羊绒或山羊绒与其他纤维混纺

1——异质毛（也称国毛，包括大部分国产羊毛，其毛纤维的粗细与长短差异较大）

2——同质毛（也称外毛，包括进口羊毛和少数国产羊毛，毛纤维粗细与长短差异小）

3——同质毛与黏胶纤维混纺

4——同质毛与异质毛混纺

5——异质毛与黏胶纤维混纺

6——同质毛与合成纤维混纺

7——异质毛与合成纤维混纺

8——纯化纤及其相互混纺

9——其他原料

（3）第三、第四位数字代表该产品的单股毛纱的名义支数。单股毛纱线密度习惯采用公制支数表示。目前生产的绒线大多数是四股毛纱并捻而成的，单股粗绒线一般在6~8.5公支（117.6~166.7tex），单股细绒线一般在16~19公支（52.6~62.5tex）；针织绒线大多数是两股毛纱合捻而成，精纺针织绒单股支数一般在20公支（50tex）以下，粗纺针织绒单股支数在12~21公支（47.6~83.3tex），也有高达26公支的。细绒线和针织绒线单纱支数由两位整数表示，支数代号就表示其支数；粗绒线单纱支数由一位整数和一位小数表示。如货号为3018，则表示该纱线为粗纺针织绒线，由山羊绒或山羊绒与其他纤维混纺而成，单股毛纱支数18公支，合股毛纱支数9公支。

2. 毛纱的色号

针织毛衫生产中使用的毛纱色彩丰富，即使是同一色谱中的颜色也各有不同，因此需要有一个统一的色彩代号和称呼加以区别。目前我国采用统一的对色版（简称色版或色卡）来统一对照比色，此统一的对色版是由中国纺织进出口公司、上海外贸总公司服装分公司、上海市毛麻纺织工业公司联合制定的，全称为"中国毛针织品色卡"，此色卡被作为全国各羊毛衫生产企业和毛纺企业统一使用的对色版来对照比色。色号一般由一位拉丁字母和三位阿拉伯数字组成，分别表示毛纱所用的原料、色谱类别和具体颜色的深浅。

（1）色号的第一位为拉丁字母，表示毛纱所用的原料。

N——羊毛品种（代旧色版W和H）

WB——腈纶50/羊毛50，腈纶60/羊毛40，腈纶70/羊毛30

KW——腈纶90/羊毛10

K——腈纶（包括腈纶珠绒，腈纶90/锦纶10，腈纶70/锦纶30）

L——羊仔毛（短毛）

R——羊绒

M——牦牛绒

C——驼绒

A——兔毛

AL——50%长兔毛成衫染色

（2）色号的第二位为阿拉伯数字，表示毛纱的色谱类别。

0——白色谱（漂白和白色）

1——黄色和橙色谱

2——红色和青莲色谱

3——蓝色和藏青色谱

4——绿色谱

5——棕色和驼色谱

6——灰色和黑色谱

7~9——夹花色类

（3）色号的第三、第四位为阿拉伯数字，表示色谱中具体颜色的深浅编号，数字越小表示颜色越浅，数字越大表示颜色越深，一般从01到12位表示最浅到中等深色，12以上为较深颜色。

如：N001和K312代表含义如图1-4所示。

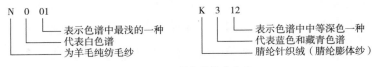

图1-4　毛纱色号代表含义

二、针织毛衫生产工艺流程

毛纱进厂入库后，首先要抽取试样，对纱线线密度、条干均匀度、色差、色花等项目进行检验。试验合格后，由于进厂的各种毛纱、混纺纱线、化纤纱线等基本上都是有色绞纱，需要进行络纱，使之成为适合于针织横机上编织的卷装形式，然后按照工艺流程进入横机车间编织，半成品（衣片、袖片和领片等）经过检验后，转入成衣工序。成衣车间按工艺要求进行机械或手工缝合，还有拉毛、缩绒以及绣花、扎花、贴花等修饰工序，结合产品特点，有些还需进行特种整理，如抗静电、抗菌、抗起毛起球等以发挥特色和提高服用性能。最后经过检验、熨烫定型、复测、整理分等、搭配、包装、入库、出厂。毛衫生产工艺流程如图1-5所示。

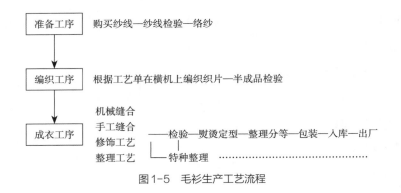

图1-5　毛衫生产工艺流程

三、针织毛衫主要生产设备

（一）络纱设备——络纱机

毛纱进入工厂，在编织前一个非常重要的工序就是络纱。针织毛衫企业中常用的络纱设备为槽筒式络纱机，如图1-6所示。通过络纱将绞纱络成符合毛衫生产的具有一定卷装形式和容量的筒子纱，同时去除毛纱上的疵点和杂质，从而改善毛纱的编织性能。

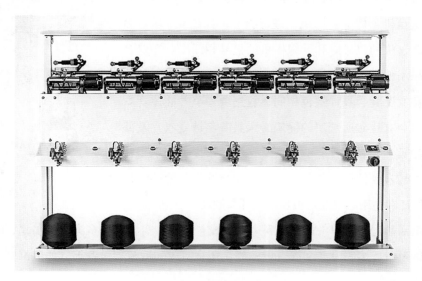

图1-6 槽筒式络纱机

（二）编织设备——横机

横机具有小批量、多品种生产的优点，是当前国内外针织毛衫生产中的主要编织设备，有手摇横机、半自动电脑横机、全自动电脑横机等。目前手摇横机在毛衫企业生产中的应用越来越少，更多的是采用具有自动编织功能的电脑横机，如图1-7所示。近些年随着针织技术的进一步提高，还出现了织可穿电脑横机，用于编织一次成型毛衫。

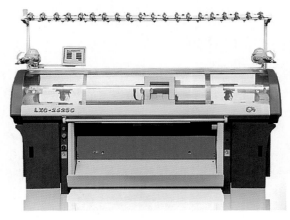

图1-7 电脑横机

（三）缝合设备——缝盘机

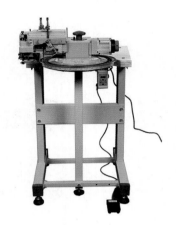

采用横机编织完成的衣片、袖片和领片等，要根据工艺要求采用缝盘机（俗称套口机）进行缝合，如图1-8所示为缝盘机，缝盘机的机号应和针织横机的机号相匹配。在缝合过程中，采用的缝线应和被缝衣片相匹配，如缝合毛衫的缝线颜色要和所要缝合衣片颜色相同；缝迹要平整并能体现款式特点，缝合衣片时所选用的缝迹必须具备与被缝衣片及部位相适应的延伸性和弹性；缝合要有足够的牢度，特别是在穿着过程中经常受拉伸的部位，一定要用有弹性的缝迹结构和缝线，保证在使用时缝线不被拉断而开缝脱线。

图1-8　缝盘机

在针织毛衫生产过程中，从原料进厂到成衫出厂，需要经历多道生产工序，除了上面介绍的络纱设备、编织设备和缝合设备外，还有熨烫和后整理设备等，如蒸汽熨斗、定型机、电子蒸烫机等。

第三节　针织毛衫测量和规格尺寸

了解针织毛衫规格尺寸是进行毛衫设计的前提条件之一。对于毛衫设计师而言，要全面掌握针织毛衫各部位尺寸的测量以及规格尺寸的表示方法。

一、针织毛衫各部位尺寸测量

如图1-9所示为针织毛衫主要测量部位，具体测量方法如下（图中数字和下面介绍序号一致）：

1. 衣长

从领贴边与肩折缝的交叉点处量至下摆底边的尺寸。

2. 胸围

从挂肩下2.5cm处横量的尺寸。

3. 肩宽

从左肩接缝处量至右肩接缝处的尺寸。

4. 肩斜

从领边底缝至肩端缝的尺寸。

5. 腰高

从领边底缝直下腰部最细处的尺寸。

6. 下摆罗纹宽

毛衫底摆罗纹上面横量的尺寸。

7. 下摆罗纹高

从罗纹交接处量至罗纹底边的尺寸。

8. 挂肩

从肩袖接缝的顶端至腋下斜量的尺寸。

9. 装袖长

从肩袖接缝处量至袖口边的尺寸。

10. 插袖长

从后领中心量至袖口边的尺寸。

11. 袖宽（袖窿、袖根肥）

自腋下沿毛衫横列方向量至袖上边的尺寸，一般用于插肩袖。

12. 袖中线

从袖口边向上垂直20cm横量的尺寸。

13. 袖口罗纹宽

袖口罗纹上面横量的尺寸。

14. 袖口罗纹高

从袖口罗纹交接处量至袖口的尺寸。

15. 前领深

开衫V字领的领深是从后领接缝中心量至第一粒纽扣中心；套衫V字领的领深是从后领接缝中心量至前领内口；翻领领深是从后领接缝中点量至前领内口；圆领领深是从后领的中点量至前领内口。

16. 后领宽

从左边领缝线量至右边领缝线间的尺寸，俗称"领宽外度"。

17. 后领深

从后领边线量至后领窝平位缝线之间的尺寸。

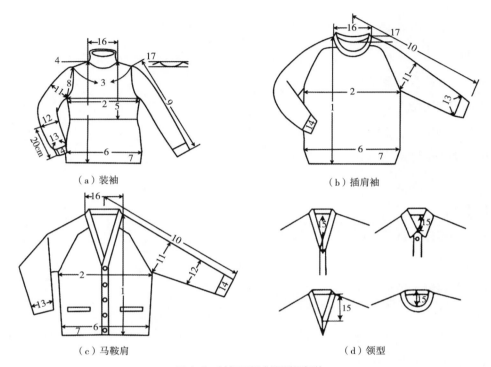

（a）装袖　　　　　　　　　　（b）插肩袖

（c）马鞍肩　　　　　　　　　　（d）领型

图1-9　针织毛衫主要测量部位

二、针织毛衫成品规格尺寸表示方法

　　服装成品规格是指成品服装各部位尺寸的大小，一般有十几个乃至几十个尺寸之多，又可称为"细部规格"。但为了管理和销售的方便，一般会采用一个或两个比较典型的部位尺寸来标明适穿对象的身型，这是服装的"示明规格"，示明规格一般在商标或包装上醒目地标示出来。

　　不同服装其示明规格的表示方法也不相同，我国常用的示明规格表示方法有号型制、领围制、胸围制和代号制等。一般情况下，领围制在衬衫中较为常用，号型制、胸围制和代号制在针织毛衫中均有应用。

（一）号型制表示方法

　　号型制是以人体身高、胸围和体型作为示明规格。"号"表示人体的身高，是设计和选购针织毛衫长度的依据；"型"表示人体的胸围或腰围，是设计和选购针织毛衫围度的依据。根据成人人体胸腰差，人体分为Y（宽肩细腰体型）、A（正常体型）、B（腹部略为突出，多为中老年体型）和C（腰围尺寸接近胸围尺寸，为肥胖体型）四种体型。其表示方法为先"号"后"型"，两者间用斜线分开，后面接"体型分类代号"，如160/84A，160表示适穿人体身高为158~162cm，84表示适穿人体胸围为82~85cm，体型分类代号A表示适穿人体胸腰差值为14~18cm。一般成人的号按5cm分档，如160cm、165cm等；型的胸围按4cm分档，如80cm、84cm等；腰围按4cm或2cm分档，如表1-1所示。男女各类体型中间体号型如表1-2所示。

表1-1 成人号型系列分档

型	体型	男	女	分档间距
		155~185cm	145~175cm	5cm
胸围	Y	76~100cm	72~96cm	4cm
	A	72~100cm	72~96cm	4cm
	B	72~108cm	68~104cm	4cm
	C	76~112cm	68~108cm	4cm
腰围	Y	56~82cm	50~76cm	2cm或4cm
	A	58~88cm	54~82cm	2cm或4cm
	B	62~100cm	56~94cm	2cm或4cm
	C	70~108cm	60~102cm	2cm或4cm

表1-2 男女体型中间体号型

体型	男		女	
Y	170/88	170/70	160/84	160/64
A	170/88	170/74	160/84	160/68
B	170/92	170/84	160/88	160/78
C	170/96	170/92	160/88	160/82

（二）胸围制表示方法

胸围制是以上衣的胸围或下装的臀围（以厘米或英寸为单位）作为示明规格。内销产品以cm为单位，每档相差5cm，例如85cm、90cm、95cm等；外销产品一般以in为单位，通常每档相差2in，例如32in、34in、36in等。

（三）代号制表示方法

代号制以数字或代号作为示明规格。如有的国家习惯用数字表示，儿童规格2、4、6号，少年规格为8、10、12号，成人规格为14号以上；有时14号以上不用数字而用字母表示，即S表示小号、M表示中号、L表示大号、XL表示特大号等。但需要注意的是，不同国家不同地域虽然表示尺码是一样的，但其内含尺寸可能不同。代号制表示方法多用于出口产品，如表1-3所示为胸围制和代号制近似换算表。

表1-3　胸围制和代号制近似换算表

序号	厘米（cm）	英寸（in）	代号制
1	50	20	2
2	55	22	4
3	60	24	6
4	65	26	8
5	70	28	10
6	75	30	12
7	80	32	S
8	85	34	M
9	90	36	L
10	95	38	XL
11	100	40	XXL
12	105	42	XXXL
13	110	44	XXXXL

思考与练习：

1.针织毛衫具有什么特点？

2.针织毛衫生产用纱有哪些？

3.简述毛衫色号的表示方法和各自含义。

4.针织毛衫的生产工艺流程及主要生产设备有哪些？

5.简述针织毛衫各部位的测量方法。

6.针织毛衫的示明规格表示方法有哪些？

第二章
针织毛衫组织设计
_____

本章知识点:

1. 针织毛衫组织结构表示方法。

2. 针织毛衫组织设计原则。

3. 针织毛衫常见组织类型及特性等。

　　组织设计是针织毛衫设计的基础，不仅影响针织毛衫的整体效果和风格，对毛衫的服用性能如弹性、透气性等也会有较大影响。因此，对于毛衫设计师而言，了解各类毛衫组织的特性及设计方法是非常必要的。

第一节　针织毛衫组织设计方法

一、针织毛衫组织结构表示方法

　　针织毛衫组织结构常用的表示方法有线圈结构图、意匠图和编织图，对应的电脑横机花型设计软件中的表示方法分别为织物视图、标志视图和工艺视图。

（一）线圈结构图

　　线圈结构图是指将线圈在织物内的形态用图形表示的方法，可清晰地看出结构单元在织物内的连接与分布，有利于研究织物的性质和编织方法，可根据需要表示织物的正面或反面，如图2-1所示为纬平针组织的正面和反面线圈结构图。

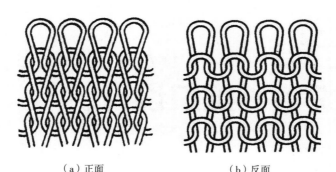

（a）正面　　　　　　　　　　　（b）反面

图2-1　线圈结构图

　　电脑横机花型设计软件中有相应的织物视图，可使设计师在设计过程中清晰地看到组织的设计效果，可查看织物正面和反面视图效果，也可查看展开状态下的线圈连接和构成状态，如图2-2（a）和图2-2（b）所示为织物正面和反面效果图、图2-2（c）为展开状态下的效果图。

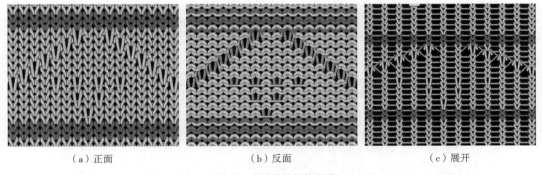

（a）正面　　　　　　　　　　（b）反面　　　　　　　　　　（c）展开

图2-2　电脑横机织物视图

（二）意匠图

意匠图是把针织结构单元组合的规律，用规定的符号在小方格纸上表示的一种图形，每一方格行和列分别代表织物的一个横列和一个纵行。根据表示对象不同，又可分为结构意匠图和花型意匠图两种，如图2-3（a）所示为结构意匠图，方格内不同符号代表不同的线圈结构单元，如线圈、集圈悬弧和浮线；图2-3（b）为花型意匠图，方格内的不同符号代表不同颜色的线圈。

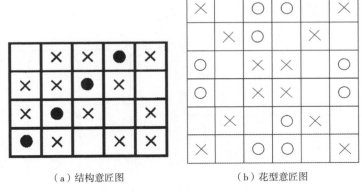

（a）结构意匠图　　　　　　　　　　　　（b）花型意匠图

图2-3　意匠图

电脑横机花型设计软件中有相应的标志视图，可清晰地表示前后针床上编织的结构单元，分为以模块颜色作为背景和以纱线颜色（导纱器颜色）作为背景两种显示视图，如图2-4所示。图2-4（a）为以模块颜色作为背景的标志视图，不同色块代表不同的线圈结构单元，如图中黄色代表集圈悬弧，白色代表浮线，灰色代表成圈线圈；图2-4（b）为以纱线颜色作为背景的标志视图，图中不同色块代表采用不同颜色纱线进行编织。

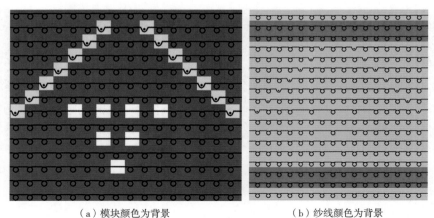

（a）模块颜色为背景　　　　　　　　　（b）纱线颜色为背景

图2-4　电脑横机标志视图

（三）编织图

编织图是将织物的横断面形态，按编织的顺序和织针的工作情况，用图形表示的一种方法，如"♀"代表成圈，"Υ"代表集圈，"丅"代表不编织，如图2-5（a）所示为罗纹组织的编织图，两个针床上的织针呈相间排列编织；图2-5（b）为单面花色组织编织图，同一个针床上的织针分别做成圈、集圈和浮线编织。编织图不仅表示每一枚针所编织的结构单元，还显示织针的配置与排列。

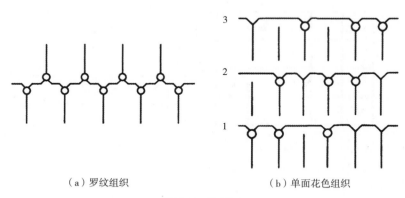

（a）罗纹组织　　　　　　　　　（b）单面花色组织

图2-5　编织图

电脑横机花型设计软件中有对应的工艺视图，以一个点代表一枚织针，"♂""♀"表示前后针床织针成圈，"ʊ""ʌ"表示前后针床织针集圈，"⋯⋯"表示前后针床织针不编织，如图2-6所示为电脑横机工艺视图。

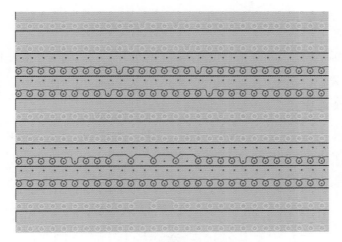

图2-6 电脑横机工艺视图

二、针织毛衫组织设计原则

针织毛衫的设计和机织服装设计不同，其设计从组织结构设计开始。针织毛衫组织设计应充分考虑各类组织的特性、毛衫款式造型及服用性能等，因为对于毛衫而言，即使是相同的款式造型和纱线，运用不同的组织结构，所编织出的毛衫效果也是不同的。

（一）充分了解织物组织结构特性

在进行针织毛衫组织结构设计时，必须充分了解和掌握不同针织物组织结构的特性，如单面纬平针组织纵横向都有较好的卷边性，且顺编织方向和逆编织方向均可脱散，因此不适宜做边组织，而罗纹组织横向延伸性大，基本不卷边，且只能逆编织方向脱散，因此适合用来编织下摆、领口和袖口等部位，也可用来编织一些紧身衣裤等；如单面提花组织因反面会有浮线存在，花型不宜太大，颜色数不宜太多等；如集圈组织由于集圈悬弧存在，会把相邻纵行推开，使得横向尺寸变大，和罗纹或纬平针结合编织可产生荷叶边效果。

（二）充分考虑毛衫款式造型和服用性能

在针织毛衫组织结构设计时，要充分考虑毛衫的款式造型和服用性能；如设计夏季的针织毛衫时，考虑到透气、轻薄的特性，一般选择单面纬平针组织或单面挑孔、集圈组织等；如设计冬季针织毛衫时，考虑到保暖的特性，可采用双面提花、罗纹空气层、毛圈组织等。

（三）充分考虑毛衫服用场合

设计针织毛衫组织结构时还需充分考虑毛衫的服用场合，如用于平时上班穿着的毛衫，服用场合比较正式，一般可采用基本组织如纬平针组织等；用于休闲运动场合的针织毛衫，可采用花色组织及肌理效果突出的组织如绞花组织等。

当然，针织毛衫组织结构设计除了要充分考虑以上因素，还要考虑组织结构工艺的难易程度以及编织效率等。

第二节　针织毛衫常见组织及设计

一、纬平针组织

纬平针组织是由连续的单元线圈相互串套而成的针织物，分为单面纬平针组织和双层平针组织。单面纬平针组织由横机的一个针床上的织针编织而成，织物的两面具有不同的外观，一面全部是正面线圈，另一面全部是反面线圈，正面看上去比较光洁、平整，织物轻薄、柔软，具有较好的延伸性和弹性，纵横向还有一定的卷边性，是毛衣衫裤的常用组织。双层平针组织是由连续的单元线圈分别在横机的前、后针床上相互串套而成，两端边缘封闭，中间呈空筒状，织物表面光洁，比单面纬平针织物厚实，线圈横向无卷边现象，主要用于外衣的下摆和袖口边缘。图2-7所示为单面纬平针组织的正反面织物视图和工艺视图，图2-8所示为双层平针组织的正反面织物视图和工艺视图。

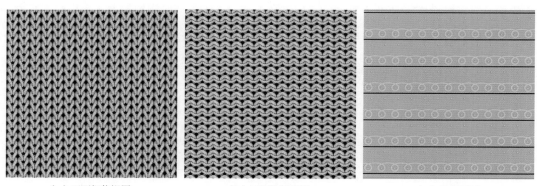

（a）正面织物视图　　　　　　（b）反面织物视图　　　　　　（c）工艺视图

图2-7　单面纬平针组织

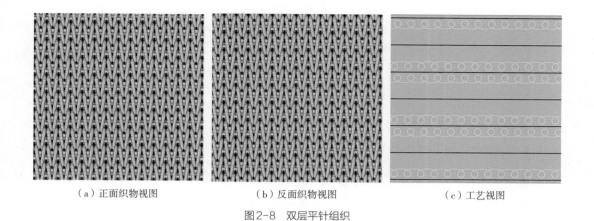

（a）正面织物视图　　　　　（b）反面织物视图　　　　　（c）工艺视图

图2-8　双层平针组织

在纬平针组织的基础上，可进行一定的变化，形成不同效果的组织结构，如图2-9所示。

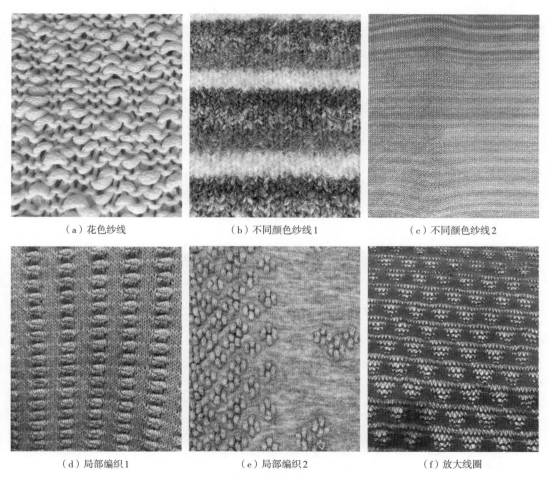

（a）花色纱线　　　　　（b）不同颜色纱线1　　　　　（c）不同颜色纱线2

（d）局部编织1　　　　　（e）局部编织2　　　　　（f）放大线圈

图2-9　变化纬平针织物

图2-9（a）为采用花色纱线——大肚纱编织的纬平针织物，因同一根纱线中不同段纱线粗细不同，编织的线圈大小也有所不同，从而使得织物外观效果有所变化。

图2-9（b）和图2-9（c）为采用不同颜色的纱线编织的单面纬平针织物，呈现横条纹的外观效果。

图2-9（d）和图2-9（e）为在单面纬平针组织的基础上，采用局部编织的工艺方法，形成了凸点效果，通过凸点的不同组合展现不同的肌理效果。

图2-9（f）为在单面纬平针组织的基础上，通过放大部分线圈的方式，使得部分线圈长度变大，和正常线圈相对比，形成镂空状的结构图案效果。

二、罗纹组织

罗纹组织是由正面线圈纵行和反面线圈纵行以一定的组合相间配置而成，正面线圈和反面线圈分别由不同针床上的织针编织而成，由于沉降弧由前到后或由后到前连接正、反面线圈，造成沉降弧有较大的弯曲与扭转，因此在织物两面形成了正面线圈纵行凸出在外、反面线圈纵行凹陷在里的直纵条效果。罗纹组织具有较大的横向延伸性和弹性，这是任何组织所不能比拟的，其纵向延伸性和弹性类似于纬平针组织；罗纹组织通常只能逆编织方向脱散，且在正、反面线圈纵行数相同的罗纹组织中，卷边力彼此平衡，基本没有卷边现象；因此常被用于袖口、领口、裤口、袜口、下摆等，也可用作弹力衫、裤的组织结构。根据正反面线圈纵行的不同配置，可形成不同的罗纹组织，一般用$N+M$罗纹来表示，N表示一个循环内正面线圈纵行数，M表示一个循环内反面线圈的纵行数。如图2-10所示为1+1罗纹组织，一个正面线圈纵行和一个反面线圈纵行相间排列，形成一隔一的直纵条纹，正反两面效果基本一致；图2-11所示为2+3罗纹组织，织物正面由两个正面线圈纵行和三个反面线圈纵行相间排列，形成两个正面线圈纵行凸出在外、三个反面线圈纵行凹陷在里的直纵条纹效果，织物反面结构效果正好相反。

在基本罗纹组织的基础上，通过一定的变化，可形成各种效果的变化罗纹组织，如图2-12所示。

通过变化正反线圈的纵行数，可形成不同宽度的直纵条纹效果和交错纵条纹效果，使得织物外观肌理更加丰富多变。同时通过两个罗纹组织交错编织，可形成两面均显示为正面线圈的双罗纹组织，使织物更加厚实和平整。

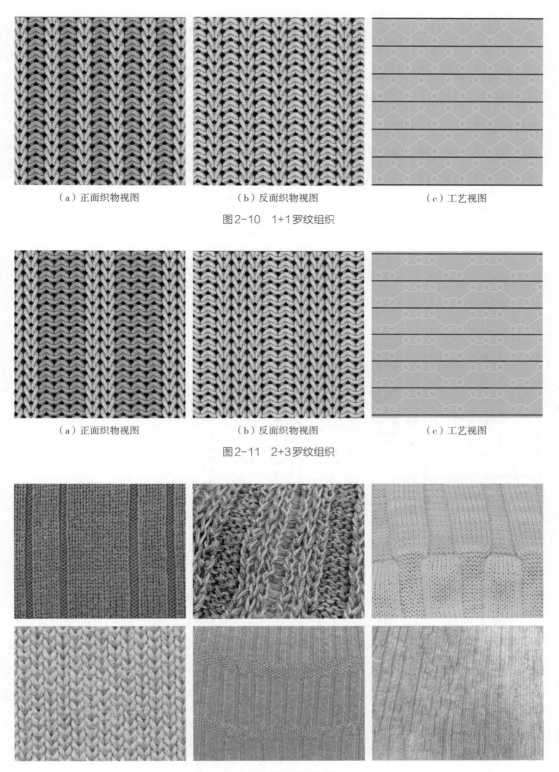

（a）正面织物视图　　　　　　（b）反面织物视图　　　　　　（c）工艺视图

图2-10　1+1罗纹组织

（a）正面织物视图　　　　　　（b）反面织物视图　　　　　　（c）工艺视图

图2-11　2+3罗纹组织

图2-12　变化罗纹织物

三、双反面组织

双反面组织是由正面线圈横列和反面线圈横列相互交替配置而成，在织物的两面形成正面线圈横列凹陷在里，反面线圈横列凸出在外的横条纹效果。双反面组织纵向具有较大的延伸性和弹性，编织下机后织物纵向会缩短，使得纵向密度和厚度增大；同时具有和纬平针组织相同的脱散性，可沿顺编织方向和逆编织方向脱散；其卷边性随正面线圈横列和反面线圈横列的组合不同而不同，被广泛应用于针织毛衫、围巾和帽子的生产中。双方组织根据正反线圈横列配置不同，可形成1+1，2+3等不同的双反面结构。如图2-13所示为1+1双反面组织，由一个正面线圈横列和一个反面线圈横列相间配置而成，由于弯曲纱线弹力的关系导致线圈倾斜，使织物的两面都由线圈的圈弧凸出在前，圈柱凹陷在里，因而当织物不受外力作用时，织物正反两面看上去都像纬平针组织的反面，而在拉伸状态下，则形成凹凸的横条纹效果。

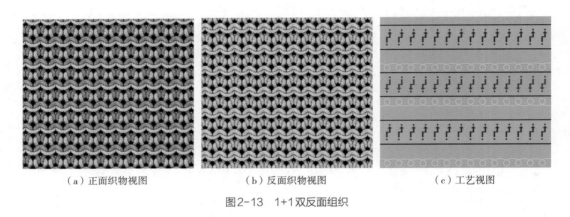

|（a）正面织物视图|（b）反面织物视图|（c）工艺视图|

图2-13　1+1双反面组织

在双反面组织的基础上，通过改变正反线圈的配置，可以产生不同的结构和花色效应的变化双反面组织。

如图2-14（a）所示通过一正一反线圈的对比配置，形成米粒状凹凸外观效果；图2-14（b）通过正反线圈的不规格配置，形成不规则的凹凸条纹状效果。

如图2-15（a）所示为通过正反线圈的规律分布形成方块凹凸效果；如图2-15（b）所示为通过正反线圈的对比形成平行四边形几何凹凸外观效果。

以上纬平针组织、罗纹组织和双反面组织均为针织毛衫基本组织，在进行毛衫设计时，也可以选择两种或三种基本组织组合设计，可形成各种不同外观肌理效果。如图2-16（a）所示采用罗纹组织和纬平针组织的结合设计，且各个横列采用不同线圈密度编织，形成了镂空效果；图2-16（b）所示采用罗纹和放大线圈的纬平针组织结合设计，形成褶皱效果。

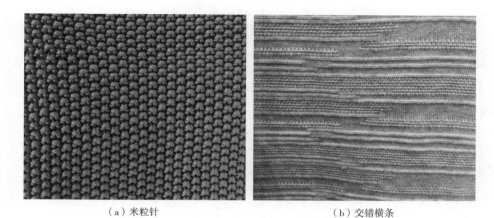

（a）米粒针 （b）交错横条

图2-14 变化双反面织物1

（a）方形效果 （b）平行四边形效果

图2-15 变化双反面织物2

 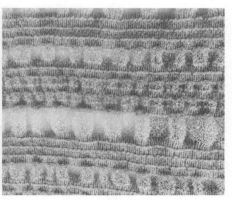

（a）镂空效果 （b）褶皱效果

图2-16 组合设计1

图2-17（a）所示采用罗纹组织和反面线圈结合设计，形成三角状凹凸效果。

图2-17（b）所示采用双层平针组织和单面组织组合设计，由于单双面组织的厚度不同，形成了菱形图案的凹凸效果。

图2-17（c）所示采用满针罗纹组织和单面纬平针组织结合设计，并采用蓝绿两种不同颜色纱线编织，形成了不同颜色和不同厚度的横条效果；同时因绿色纱线较细，和蓝色区域对比，绿色编织区域比较稀疏，类似于镂空效果。

  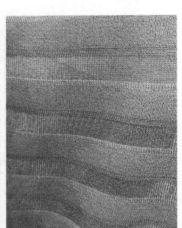

（a）凹凸三角形效果　　　　　（b）凹凸菱形效果　　　　　（c）横条镂空效果

图2-17　组合设计2

四、提花组织

提花组织是将纱线垫放在按花纹要求所选择的某些织针上编织成圈，而未垫放纱线的织针不成圈，纱线呈浮线浮在不参加编织的织针后面所形成的一种花色组织。通过合理配置提花线圈和平针线圈，结合不同色纱的组合编织可得到花纹图案效果和凹凸效果。提花组织根据参与编织的纱线数可分为单色、双色、多色提花等；根据基础组织的不同可分为单面提花和双面提花；单面提花可分为均匀提花和不均匀提花，双面提花可分为横条提花组织、芝麻点提花组织、空气层提花组织和露底提花组织等。

图2-18所示为两色单面不均匀提花组织，采用红黄两种颜色纱线编织形成斜条纹色彩效果，织物两边有卷边；同时由于线圈大小不完全相同，结构不均匀，织物表面还会形成凹凸效果。

图2-19所示为三色双面芝麻点提花组织，正面按花型要求进行选针编织，反面由两种

色纱以一隔一的方式轮流编织，在反面形成芝麻点的效果。芝麻点提花组织的正反面的线圈横列数随色纱数的变化而不同，其比值为2∶N（色纱数），可见两色芝麻点提花正反面线圈横列数相同，织物最为平整，随着色纱数增加，正反线圈横列数相差会越来越大，会对提花图案造成一定的影响，因此色纱数不宜太多。

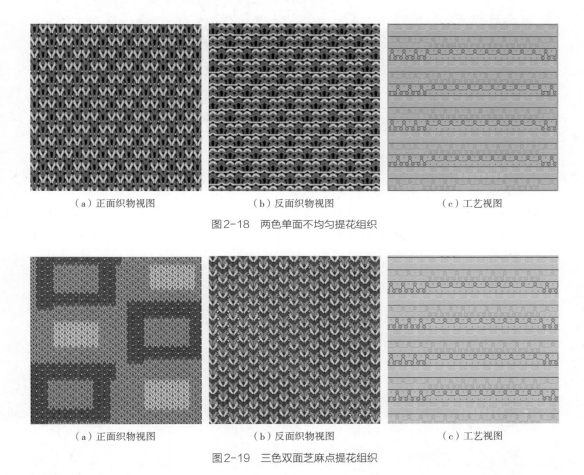

（a）正面织物视图　　　　　　（b）反面织物视图　　　　　　（c）工艺视图

图2-18　两色单面不均匀提花组织

（a）正面织物视图　　　　　　（b）反面织物视图　　　　　　（c）工艺视图

图2-19　三色双面芝麻点提花组织

图2-20所示为单面均匀提花织物，提花正面形成花纹图案，且线圈大小基本相同，每个线圈后面都有浮线，浮线数等于色纱数减一，由于浮线太长容易钩丝，因此同一种颜色连续编织的针数不宜太多，一般在4~5个圈距为宜，且颜色数也不宜过多，否则会因为同一个线圈背面浮线太多影响织物的服用性能。

图2-21所示为露底提花织物，又称翻针提花，在编织过程中正面的部分花型处进行了翻针编织，从而在这些地方显露出组织的反面线圈，呈现为单面结构，而其余花型部分仍为双面结构，单双面组织对比在织物正面形成了立体感强、凹凸效果明显的图案效果。

图2-20　单面均匀提花织物

图2-21　露底提花织物

　　图2-22所示为两色空气层提花织物，由两种不同颜色的纱线按照花纹图案分别在前后针床上编织，在图案颜色变换处再进行交叉编织，把前后层织片连接在一起，从而在织物两面形成图案相同但颜色相反的花纹图案效果。图2-22（a）为采用两种不同颜色但相同粗细纱线和密度编织的空气层提花组织，织物两面较为平整；图2-22（b）则是采用两种相同粗细纱线但不同密度编织，使得密度较大的纱线编织区域凸出在织物表面；图2-22（c）为采用两种不同材料且粗细不同的纱线编织，较粗的纱线编织花型区域同样会凸出在织物表面。可见，通过改变编织密度和纱线粗细不仅可使空气层提花形成不同图案效果，而且能形成立体花纹效果。

（a）相同粗细纱线和密度

（b）不同密度

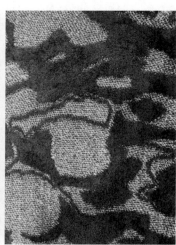

（c）不同纱线

图2-22　两色空气层提花织物

五、集圈组织

集圈组织是指在针织物的某些线圈上，除了套有一个封闭的旧线圈外，还套有一个或几个未封闭悬弧的组织。由于集圈悬弧的作用，集圈组织可形成一定的网眼镂空效果和凹凸立体效果，结合色纱的合理配置，还可形成花纹图案效果。由于集圈悬弧把相邻线圈纵行往两边推开，导致集圈织物的宽度增大、长度缩短，利用这一特性，集圈组织和罗纹组织、纬平针组织等组合编织可形成荷叶边效果。

根据基础组织的不同，集圈组织可分为单面集圈组织和双面集圈组织。

图2-23所示为单面集圈组织，在单面纬平针组织的基础上，蓝黄两色纱线分别交错进行集圈编织，正面可形成交叉格子花纹图案效果，反面则显示为集圈悬弧。

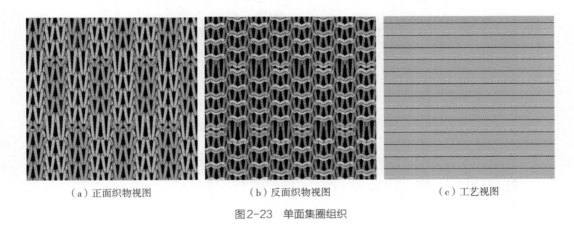

（a）正面织物视图　　　　　　　　（b）反面织物视图　　　　　　　　（c）工艺视图

图2-23　单面集圈组织

图2-24所示为双面集圈组织，在满针罗纹组织的基础上，前针床部分织针进行集圈编织，形成了由集圈拉长线圈构成的菱形结构图案效果。

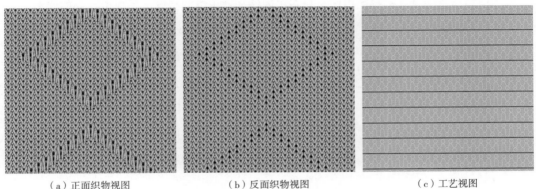

（a）正面织物视图　　　　　　　　（b）反面织物视图　　　　　　　　（c）工艺视图

图2-24　双面集圈组织

图2-25（a）为采用单色编织的单面集圈织物，由于集圈悬弧的叠加等原因，形成了凹凸效果和细小的对称孔眼效果。

图2-25（b）为单色双面集圈织物，在罗纹组织基础上规律地分布集圈单元，集圈悬弧会将相邻纵行推开，从而形成左右对称的细小的网眼效果。

（a）单面 　　　　　　　　　　　（b）双面

图2-25　集圈织物

六、移圈组织

移圈组织是在基本组织基础上，按照花纹要求将某些线圈进行移圈形成的组织；通过线圈的转移，可形成孔眼效果、绞花效果和凹凸效果；根据不同的移圈方式，可分为挑孔类移圈组织、绞花类移圈组织和阿兰花移圈组织。

图2-26所示为挑孔类移圈组织，是在单面纬平针组织的基础上，根据花纹的要求，在不同针、不同方向进行移圈，当线圈被转移到其相邻线圈上之后，纵行处线圈出现中断，从而在原来的位置上出现孔眼，适当安排孔眼的位置，可以在织物表面形成由孔眼构成的各种花型或几何图案，在春夏季毛衫上尤为常见。影响挑孔类移圈织物花纹效果的因素很多，如移圈方向（左移或右移）、移圈针数（单针或多针）、移圈方式（一转一移或半转一移）不同，形成的花纹效果也会不同。图中上方采用一转一移的移圈方式，下方采用半转一移的移圈方式，形成了两个不同外观造型的孔眼构成的"爱心"图案。

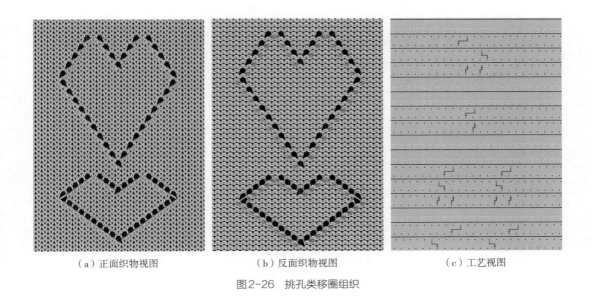

|（a）正面织物视图|（b）反面织物视图|（c）工艺视图|

图2-26 挑孔类移圈组织

图2-27所示为绞花类移圈组织，是根据花型要求，将两枚或多枚相邻织针上的线圈相互移圈，使这些线圈的圈柱彼此交叉起来，形成具有扭曲图案花型的一种组织。图中所示为在3+6罗纹组织的基础上，采用2×2×2绞花编织，织物表面形成了凹凸扭绳效果，在秋冬季毛衫上非常常见。

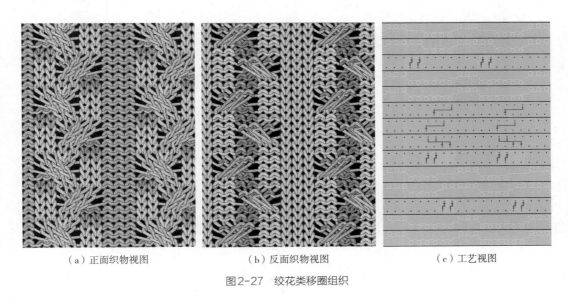

|（a）正面织物视图|（b）反面织物视图|（c）工艺视图|

图2-27 绞花类移圈组织

图2-28所示为阿兰花移圈组织，前后针床的织针在不同针床上按相反方向进行移圈，可形成凸出于织物表面的倾斜线圈纵行，组成菱形、网格等各种结构花型。

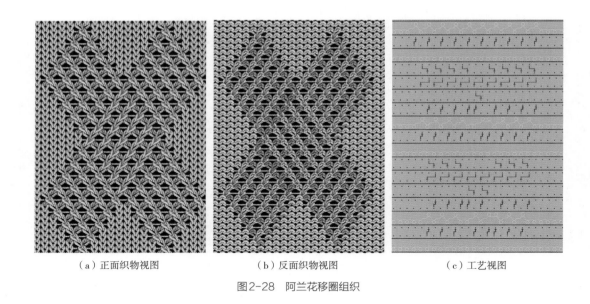

（a）正面织物视图　　　　　　（b）反面织物视图　　　　　　（c）工艺视图

图2-28　阿兰花移圈组织

图2-29（a）为在罗纹组织基础上，在一个针床上进行单针移圈，形成菱形镂空结构图案。图2-29（b）和图2-29（c）为在双反面组织基础上进行多针移圈，不仅形成了镂空效果，还在反面线圈横列形成了明显的曲折凹凸波纹效果。

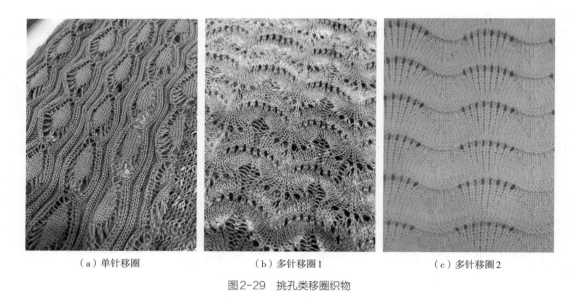

（a）单针移圈　　　　　　　（b）多针移圈1　　　　　　　（c）多针移圈2

图2-29　挑孔类移圈织物

图2-30所示为绞花和阿兰花组合的移圈织物，形成交错菱形的凹凸效果。

图2-31所示为绞花和挑孔组合的移圈织物，织物表面形成凹凸扭绳效果和镂空效果。

图2-30　绞花阿兰花移圈织物　　　　　　　　　图2-31　绞花挑孔移圈织物

七、嵌花组织

　　嵌花组织又称为无虚线提花组织，是指用不同颜色或不同种类的纱线编织而成的纯色区域的色块，相互连接镶拼成花色图案组成的织物，花纹图案清晰、色彩纯净，织物反面没有色纱重叠。如图2-32所示为嵌花组织，在黄色底色的基础上通过嵌花编织形成了红色"箭头"图案，反面无浮线。

 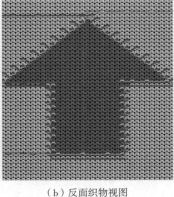 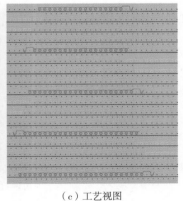

（a）正面织物视图　　　　　　　　（b）反面织物视图　　　　　　　（c）工艺视图

图2-32　嵌花组织

　　图2-33所示为由多种不同颜色的纱线和不同种类的纱线进行嵌花编织，各种几何图案拼接而成的嵌花织物，图案清晰，织物轻薄，服用性能好。

图2-33　嵌花织物

八、波纹组织

波纹组织是指按照花型要求通过针床横移形成倾斜线圈组成的波纹状花纹的双面组织，可形成曲折、条纹等花纹效应。波纹组织可在不同的双面组织基础上形成，基础组织不同，形成的效果也不相同。

图2-34（a）为在集圈组织的基础上进行针床的横移形成的波纹组织，织物两面均形成了曲折的条纹外观。

图2-34（b）为在满针罗纹+单面浮线组织基础上进行波纹编织，形成了曲折条纹状凹凸效果。

图2-34（c）为在抽针罗纹组织基础上左右横移针床形成波纹效果。

（a）集圈波纹　　　　　　　　　　（b）罗纹波纹　　　　　　　　　　（c）抽针罗纹波纹

图2-34　波纹织物

九、添纱组织

添纱组织是指针织物中的一部分线圈或全部线圈是由两根或两根以上的纱线形成的组织；添纱线圈中的两根纱线的相对位置不是随意的，而是确定的相互重叠，并在一起形成的双线圈组织。在编织过程采用不同种类或不同颜色的纱线，可使针织物正反两面形成不同色泽及性质的花色效果。

图2-35（a）为在正反针构成的基础组织上，采用两种不同颜色的纱线进行添纱编织，不仅形成了结构上的凹凸方块效果，还形成了色彩上的方形图案。

图2-35（b）基础组织为正反针、挑孔和阿兰花的复合组织，采用两种不同颜色进行添纱编织，正面线圈始终显示为浅黄色，反面线圈始终显示为土黄色，形成结构和色彩上的图案效果。

（a）正反针添纱 　　　　　　　　　　　　　（b）复合添纱

图2-35 添纱织物

十、毛圈组织

毛圈组织是由平针线圈和带有拉长沉降弧的毛圈线圈组合而成，在织物表面形成圈状效果，也可将毛圈剪毛后形成绒状效果；可分为满地毛圈和非满地毛圈，每个毛圈线圈都形成拉长沉降弧结构的称为满地毛圈，反之则为非满地毛圈。

图2-36（a）为满地毛圈织物，在每个线圈上都形成了拉长的沉降弧，且不同区域采用不同颜色编织，形成了横条纹色彩毛圈效果，手感丰满，保暖性好。

图2-36（b）和图2-36（c）为非满地毛圈，在部分线圈上显示有拉长的沉降弧，在织物表面形成了凹凸效应的花色外观。

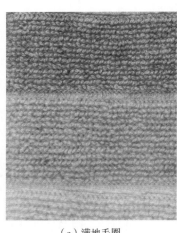  

（a）满地毛圈 （b）非满地毛圈1 （c）非满地毛圈2

图2-36 毛圈织物

十一、横条组织

横条组织是指采用不同原料或不同颜色的毛纱进行间隔编织，或采用不同的织物组织进行间隔编织，以在织物表面形成横条效应，可分为彩色横条和结构横条。彩色横条组织一般采用不同颜色的纱线进行间隔编织，可在单面组织或双面组织基础上形成；结构横条一般采用相同颜色，而不同细度、性质的毛纱或是在编织织物时隔数横列改换织物组织类型而得到的独具风格的横条织物。

图2-37所示为彩色横条织物，在基本组织基础上，采用不同颜色纱线编织，形成横条纹色彩图案效果。

图2-38所示为结构横条织物，采用同种纱线编织，组织结构上可以由纬平针组织和凸条编织相结合，也可以双反面组织、挑孔移圈等组织相结合，形成凹凸横条效果。

图2-37 彩色横条织物

图2-38 结构横条织物

思考与练习：

1.针织毛衫组织结构设计要遵循哪些原则？

2.针织毛衫常见组织有哪些？各自能形成什么效果？

3.哪些组织可以形成花纹图案效果？各自有什么不同？

4.试用三种不同的方法设计具有斜条纹效果的组织。

第三章
针织毛衫造型设计

本章知识点：

1.针织毛衫造型设计的形式美法则。

2.针织毛衫的外部廓型设计。

3.针织毛衫的内部结构设计。

4.针织毛衫的部件设计。

　　服装造型设计是指以人体为基本对象进行服装形态的塑造过程，在厘清构成服装各造型要素特点的基础上，运用形式美法则对包括服装外部轮廓、内部结构以及各部件的视觉形态展开设计，实现其审美与功能的统一。

　　针织毛衫面料柔软、贴体且伸缩性强，其造型设计与其他机织类服装相比具有一定的特殊性，在设计中需充分重视其面料性能、组织结构对造型的干预与影响，掌握好这一点便会发现针织毛衫造型设计的魅力所在。

第一节　针织毛衫造型法则

　　服装造型设计的基本构成要素是点、线、面、体，由于面料组织结构的特殊性，在针织毛衫的造型设计中既要遵循服装设计的一般规律，又要充分结合针织面料弹性强、易卷边变形等特点，通过这些基本造型要素的分割与组合，从而产生不同的针织毛衫造型设计。

一、针织毛衫的造型要素

（一）点

　　在造型设计中，点是相对而言的，把视觉效果较小的形态称为点，点是最基础的造型要素，在空间上起标注位置的作用，具有强调和诱导视线的特性。

　　点的数量、形态、放置位置以及组合方式的不同，会让观看者产生不同的视觉感受，进而形成针织服装不同的设计效果。如图3-1所示为点元素表现的针织毛衫，在针织毛衫设计中点的形式多种多样，如扣子、花结、织物上的点状形态以及较小的图案等都可看作点这一造型要素在针织毛衫设计中的应用。这些点要素不仅有形态大小的变化、平面与立体的差异，还可利用色彩和质地的不同形成更为丰富的视觉效果，从而实现点缀和美化针织毛衫造型设计的作用。

（a）点状图案

（b）点状钩花

（c）点状珠片缝缀

（d）纽扣应用

图3-1 点元素在针织毛衫中的表现

（二）线

线是造型设计中最基本的形态之一。点的移动构成线、不同面的相交也可形成线，这些线在粗细、形状、长度以及放置位置和走向上可做多种变化，是针织毛衫造型设计中重要的视觉元素。

在针织毛衫造型设计中，线的设计可以有宽度、面积、厚度和虚实的变化，还有不同肌理和质感对比形成的线条效果，线比点更易实现设计者的感情与想法。一般来说，线有直线和曲线两种类型，是决定造型视觉形象的基本要素。其中，直线造型的视觉感受较为理性，如图3-2所示为不同直线表现的针织毛衫，此类造型具有直接、明确、强硬的男性化特征；曲线造型的视觉感受则较为感性，如图3-3所示为曲线表现的毛衫，此类造型则具有温婉、灵动、柔和的女性化特征。因此在针织毛衫的造型设计中不同的线可产生不同的效果和特性。

（a）水平型直线装饰

（b）方向、疏密不同的直线装饰

图3-2 直线在针织毛衫中的表现

（a）曲线型装饰线   （b）波浪型装饰线

图3-3 曲线在针织毛衫中的表现

线的表现形式多种多样，具有丰富的表现力，可应用在针织毛衫设计的装饰与结构上形成不同造型的装饰线和结构线。在织造过程中，一方面可以通过间隔换线、变化组织结构等工艺手法形成不同方向、粗细、色彩和形态的立体线性装饰；另一方面也可以通过印花、提花等工艺手段设计出风格各异的平面线状图案，以此实现丰富多样的装饰效果。

如图3-4所示为线元素形成装饰线和拼接线的针织毛衫。在针织毛衫造型中，外部轮廓线、衣片之间的拼接线、分割线以及褶皱线和边口线等结构线的设计可充分利用线元素本身多变的视觉特性，从而塑造设计者想要表达的风格与个性。

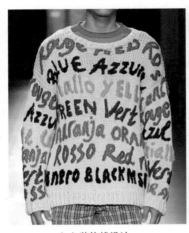 

（a）装饰线设计　　　　　　　　　（b）拼接线及边口线设计

图3-4　针织毛衫中线元素的应用

（三）面

面是通过点和线的扩大形成的，如线在宽度上的增加或线的运动等。面具有二维空间的性质，有平面和曲面之分。如图3-5所示为各种面造型的针织毛衫，造型设计中的面有厚度、色彩和质感的差异，其形态有多样性和可变性，因表面形态的不同可以分为几何形的面和任意形的面。其中，几何形的面具有秩序性、机械感，如方形、圆形、三角形等；任意形的面则更具自由性和随意性，通常以不规则的形态呈现。

面是针织毛衫造型设计中最具量感的造型元素，常以衣片的形式出现，这些大小、形状不一的面构成了毛衫的主体，形成了立体的空间形态。面的特性多种多样，以重复、渐变、连接、穿插、折叠、扭转等形式出现，构成毛衫外部轮廓的同时使其具有更明确的虚实量感和空间层次性，有效利用面元素之间比例分配、色彩配置、质地变化的不同，塑造出多样的艺术风格。

（a）色彩与组织变化设计　　　　　　　　（b）面料拼贴设计

图3-5　针织毛衫中面元素的应用

（四）体

体是面的移动轨迹，是具有一定长度、广度和深度的三维空间。点、线、面是构成体的基本要素，点和线的排列集合、面的排列堆积与旋转都能形成体，如三角形面的旋转可以形成锥体、方形面的旋转可以形成柱体等。与前三种造型元素相同，在设计中体也有色彩、质感上的差异，同时体的形状多种多样，有规则的球体、立方体、柱体、锥体等，也有抽象的不规则形。

在形态方面，由于服装是依附于人体的外在立体形象，有正面、侧面、背面等不同的体面，从不同的方向和角度去观察会表现出不同的视觉形态，同时人体的活动也会影响其呈现出不同的立体效果。因此在进行针织毛衫造型设计中，对体的形态塑造需将毛衫的外部廓型与人体本身形态结合起来，达到内部与外部的统一与平衡。

同时，体的数量、大小以及安置部位对针织毛衫整体造型的影响也很大。如图3-6所示为各种体元素装饰的针织毛衫，不同的体在毛衫中可以起到点缀、修饰或强调的作用；有时是以明显凸起于毛衫廓型整体的较大部件来呈现；有时是通过卷边、打褶、扭曲、叠加、镂空或缠绕等工艺手段在毛衫表面实现一定凹凸效果的立体装饰设计，使针织毛衫的体积感及层次感更为丰富。

点、线、面、体在针织毛衫设计中的应用不是孤立存在的，各元素间相互联系、相辅相成，将其有机地结合在一起加以应用，同时充分利用针织组织结构的特殊性，根据不同款式风格需要合理地使用这些形式语言，完成和谐美观的造型设计。

（a）规则几何形凸起装饰　　　　　　（b）缠绕交错立体装饰

图3-6　针织毛衫中体元素的应用

二、针织毛衫的形式美法则

形式美法则是指人们在审美活动中通过对现实中美的形式的概括而发现的规律与法则，其基本原理就是变化与统一的协调，是对自然美加以分析、组织、利用并形态化了的反映；它贯穿在包括绘画、建筑等在内众多艺术形式当中，是一切视觉艺术都应遵循的美学法则。在针织毛衫设计中，可以通过形式美法则的运用赋予其一个美观的外在艺术形式。

应用于针织毛衫造型设计中的形式美法则一般包括比例、平衡与对称、节奏与韵律、对比与调和、视错等，根据不同毛衫风格有侧重性的运用这些形式美法则可实现毛衫造型设计中变化与统一的协调。这里的变化是指毛衫各构成要素之间的矛盾与差异，即在款式、面料、色彩、图案、工艺等方面所呈现出的不同之处，通过这种差异和对比可形成丰富的视觉美感；而统一则是指各要素之间的协调与统一，进而形成较为有序的、稳定的、平静的视觉美感。变化与统一是相互对立又相辅相成的统一体，设计时需将两者有机地结合在一起。

（一）比例

比例是事物间的相互关系，体现各个事物之间在长度与宽度、局部与局部、局部与整体间的数量比值。比例是毛衫各个部分尺寸之间的对比关系，包括面积的大小、长短以及数量上的比例关系，如各部分衣片之间长度、宽度或面积的比例关系，造型元素在服装中的占比关系等。比例的变化很多，合适的比例关系可以美化和修饰人体本身的比例缺点。

（二）平衡与对称

平衡又称均衡，是指在一个交点上，双方不同量、不同形但相互保持着均衡的状态。如果毛衫中的诸多元素在形式上能够呈现出视觉上的稳定感，则实现了形式美法则中的平衡。平衡有对称式平衡和非对称式平衡两种表现形式。

对称平衡是指在一个中心点的四周或一条中轴线的两侧，将造型元素进行同等形状、数量、面积的配置，使其呈现出一种较为严谨、正式、稳定的风格，也是一种最简单的对称形式，是绝对的平衡。由于人体为左右对称的典型，所以穿着在人体上的服装通常也以对称的形式呈现，如衣领、衣袖、门襟设计等都以对称形式居多。对称式平衡主要有单轴对称、多轴对称、回转对称三种形式，其中单轴对称比较直接和单一；多轴对称则增添了变化和动感；而回转对称的变化形式感更强、更别致，也更赋运动感。

与对称式平衡有所不同，非对称式平衡则是不需要以点或轴作为参照而可以任意构思，打破对称平衡的严肃感，追求新奇活跃的视觉效果，根据风格需要对造型元素进行不对称的配置，在形态结构上更为自由和趋于变化。在现代针织毛衫设计当中，整体结构上的不对称造型和局部非对称点缀的设计手法都非常常见，以求达到新颖别致的视觉效果。

（三）节奏与韵律

节奏与韵律本为音乐术语，指音与音之间的高低及间隔长短在连续奏鸣下反映出的听觉感受。而在毛衫造型设计中，节奏主要体现在点、线、面、体的规则和不规则的疏密、反复、聚散的综合运用，是通过形态的反复、交替或渐变表现出来的。韵律变化的关键在于造型元素的重复以及这种重复表现出如语言一样的抑扬顿挫，其中包括有规律的重复、无规律的重复和等级性的重复这三种形式。

（四）对比与调和

对比和调和是艺术设计中的一对相辅相成的要素。若相异较明显，相同较少，便为对比；反之，相同较为明显而相异较少，便为调和。毛衫造型设计中的调和是指将构成毛衫的各要素之间的相互关系有效地调和，形成一种和谐的秩序感。而对比则与之相反，强调和突出各要素之间的差异性和冲突感。

（五）视错

由于光的折射及物体的反射关系或人视角的不同、距离或方向的不同，以及人的视觉器官感受能力的差异等因素，会给人造成视觉上的错误判断，这种现象被称为视错。视错在服装设计中具有非常重要的作用，有效地利用视错规律不仅可以修饰和弥补人体缺点，还可以用以突出和强调人体优点，同时还能够营造出视觉上的变形和运动效果，这为针织毛衫设计创造了更为广阔的创作思路与空间。

第二节　针织毛衫外部轮廓设计

针织毛衫因线圈结构的特殊性决定了其外部轮廓设计既要考虑款式结构的造型性，还需注意把握其组织、材料以及处理工艺对针织毛衫本身保型性的影响与制约。其中，造型性是实现针织毛衫廓型意图和塑造廓型美感的必要条件；保型性则是维持毛衫廓型持久的保障。一般来说，针织面料存在挺括性差、尺寸稳定性小等问题，导致其在造型方面具有一定的局限性，因此需要在其组织结构、制作工艺、面料质感以及内部衬垫中寻求变化来拓宽其廓型设计的可能性。因此，在进行针织毛衫的廓型设计中，造型性与保型性的平衡是实现其廓型设计预期的基础与保障。

一、针织毛衫的廓型设计

廓型（Silhouette）原意是指影像、剪影、轮廓等，在服装设计中引申为外部造型、外轮廓等意思。针织毛衫的廓型即为人体穿着毛衫后的外部轮廓造型，是针织毛衫的总体骨架，决定毛衫整体造型的主要风格特征。服装廓型能够比较直接地反映出一个时代的服饰文化特征和审美观念，人类服饰的流行变化主要体现在时装的廓型变化上。

针织毛衫的廓型可归纳为合体紧身型、H型、A型、X型、O型、Y型六种基本型，在基本型的基础上也可继续做局部变化和综合设计进而形成更多变化的毛衫造型，其廓型设计是表现实用性、审美性的重要手段。其中，由于毛衫面料本身的挺廓性不够，所以对需要在腰部位置向外扩张支撑的O型廓型在实践设计中应用较少，多以通过毛衫下摆的缩口设计来体现，因此这里对O型类的毛衫廓型设计不做详细介绍。

二、针织毛衫廓型的分类

（一）合体紧身型

一般来说，紧身型毛衫的外部轮廓是基于人体本身体型轮廓的一种廓型，如图3-7所示为合体紧身型针织毛衫，其能够直接地反映穿着者本身的体态特征与身体曲线，而人体是一个不规则的曲面体，因此这种合体紧身型毛衫的结构相对其他几何形廓型更为复杂。

（a）短款合体紧身型毛衫　　　　　　（b）长款合体紧身型毛衫

图3-7　针织毛衫的基本廓型（紧身型）

针织面料具有良好的弹性，用来塑造和贴合人体不同部位的凹凸转折非常适合，采用组织结构变化的方法进行编织制作便可达到在机织类服装中需要借助省道、打褶、开衩等手段才能完成的合体效果。因此，合体紧身型也是针织毛衫中非常常见且具有一定代表性的廓型类别，极具自然、流畅、简洁、浑然天成的自然美感。

（二）H型

H型通常指外形类似于字母"H"的毛衫廓型，外轮廓近似于几何学中的长方形。这类廓型一般不刻意强调人体腰身曲线，多以宽松的直腰身居多，使肩宽、胸围、腰围与臀围在外形上保持上下等宽，形成轻松、直接、明快的现代毛衫风格。在第一次世界大战后受装饰艺术运动与现代化生活观念的影响，这种廓型曾在20世纪20年代非常流行，被视为现代女性服装的开端。

H型廓型是针织毛衫比较传统和常见的一类廓型，一般采用组织较为紧密、延伸性小的针织面料，既可作为内搭式毛衫，也可作为针织外套或开衫，如图3-8所示为H型针织毛衫，造型宽松舒适却不松散拖沓，极具实用性，受到众多消费者的喜爱。

（a）横条拼接H型毛衫　　　　（b）不规则拼接H型毛衫

图3-8　针织毛衫的基本廓型（H型）

（三）A型

A型是指外形近似字母"A"的毛衫廓型，如几何学中的正三角形和正梯形等。A型的针织毛衫一般上窄下宽，肩部较为合体紧身，从肩部到衣摆的外轮廓线呈斜线向外扩张，实现视觉上的延伸。A型廓型属于比较女性化的一种廓型，从中世纪时期西方男、女服分化开始

（a）A型套头式毛衫　　　　（b）A型开衫

图3-9　针织毛衫的基本廓型（A型）

就成为女性服饰的主要廓型，以其视觉上的稳定感来塑造女性端庄娴静之美。

如图3-9所示为A廓型针织毛衫，A型针织毛衫能很好地体现针织材料柔软、垂感强的性能优势，也可在毛衫袖口、底摆等边口位置做镂空、花边或褶皱等装饰，增强其局部的层次感和趣味性。

（四）Y型

与A型相反，Y型上宽下窄，因多以倒三角形、倒梯形的形式呈现，故以字母"Y"命名，与毛衫廓型中的T型、V型比较相似，强调夸张的肩部和衣袖上段、衣摆内收，形成上大下小的外轮廓。

这种上重下轻富有动感的廓型常被用于男装设计来彰显威武、健壮的男性力量美，而

应用在女装上可使其显得潇洒、挺拔，赋予女性另一种坚毅、硬朗的美。如在第二次世界大战影响下的"军服热"，当时强调宽肩的Y型廓型在男装和女装中广泛流行。

如图3-10所示为Y型针织毛衫，Y型廓型对肩部窄小或溜肩的体型缺陷有较好的修饰作用，但是由于针织材料多具柔软、垂感强等特性，所以对于Y型这种需要在肩部或袖根起硬挺夸张效果的结构塑造上有一定的局限性，在实际设计当中可通过与其他材料结合或内部衬垫等方式强化其硬朗、饱满的外部造型。

（a）套领式Y型帽衫　　　　　　　　（b）泡泡袖Y型毛衫

图3-10　针织毛衫的基本廓型（Y型）

（五）X型

X型廓型具有上下口宽、中段收窄的形态特征，近似于字母"X"而得名，是A型与Y型的综合。通过夸张针织毛衫领口、袖根以及袖口、臀部或底摆的围度，收紧腰身来突出沙漏式的人体曲线，常用在女装设计中来体现女性凹凸有致的曼妙身姿，是完美的女性服装的主要廓型。从X型中衍生出的服装廓型有很多，如钟型、鱼尾型、沙漏型、S型等，其中S型一般是用来形容X型服装的侧面形态，强调丰胸、窄腰、硕臀的女性曲线。

在针织毛衫的造型设计当中，针织面料良好的弹性和柔软性非常适合用来勾勒人体的自然型，腰部收紧贴体，如图3-11所示为X型针织毛衫，在肩部、袖根以及衣摆和袖口处通过改变针法、工艺以及与其他材料相结合的方式实现X型廓型的塑造，使整件毛衫自上

（a）长款X型毛衫　　　　　　　（b）短款X型毛衫

图3-11　针织毛衫的基本廓型（X型）

而下过渡流畅，形成浑然天成的自然美感。

服装廓型是以最简练、直接的形式来体现服装的基本风格，是服装设计的根本与基础。针织面料的线圈结构使其具有良好的弹性、柔软性和透气性，具有舒适、亲肤、抗皱和易携带等特点，因而针织毛衫的款式设计应重点把握面料的性能，有效利用线圈结构的特殊性，用流畅的线条和简洁的造型来强调针织毛衫所特有的舒适感，不宜一味为了复杂而盲目堆砌，从而失掉针织服饰本身自然、慵懒、随性的品类特性。

第三节　针织毛衫内部结构设计

针织毛衫的内部造型设计是在外部廓型确定之后对内部结构做出的相应的分割与规划安排。一般来说，可以把针织毛衫的内部造型设计归纳为结构线设计与部件设计两部分，它们之间相互组合变化，使组成毛衫的各个部件与整体之间结构合理、风格统一。

一、针织毛衫的结构线设计

针织毛衫的结构线是指体现在毛衫各个拼接部位的拼接线、分割线、褶等线元素设计，它们虽然在外在形态上呈现出不同的表现形式，但它们相互组合与变化，能起到塑造毛衫外形作用，使各部件之间以及部件与整体之间结构合理，满足人体静止时的体型特征与运动时的动态需求。

（一）拼接线

针织毛衫从制作工艺上虽然被分为成形针织和裁剪针织两种，但相对机织类服装而言所需要缝合的结构相对较少，衣片与衣片之间的拼接线需要随人体曲线形态与廓型要求而设计，如图3-12所示为拼接线针织毛衫，这些衣片缝合时在毛衫上形成的缝线在造型设计中起到连接结构与分割块面等作用。拼接线一般有直线形和曲线形两种形式，特殊部位也有不规则的任意形，这些都由其衣片边缘形态所决定。

（a）曲线形拼接线　　　　　　　　　（b）直线形拼接线

图3-12　针织毛衫的拼接线

（二）分割线

针织毛衫的分割线是指将毛衫的整块面利用线条分割成若干块明显的小块面，分割线一般呈纵向、横向或以相互交叉组合而形成各种聚集、打碎或变化形态的线条，这些通过分割与缝合所产生的线条在毛衫造型中起分割和装饰美化的作用。

毛衫分割线的种类多种多样，根据形态的不同可分为纵向分割、横向分割、曲线分割、交叉分割以及自由分割等，它可以改变毛衫的基本结构，是使设计达到形式美的一种构成手法，从而形成不同的造型效果，如图3-13所示为各类分割线针织毛衫。在针织毛衫设计中应该充分考虑设计对象、毛衫风格以及面料特性来选择与之相对应的分割线造型。针织面料大多质地柔软且延伸性强，尺寸稳定性较弱，因此毛衫分割线的设计还应充分考虑到选用面料的质地和组织，偏软或组织较稀疏的面料在缝制时容易因缝线与织物的牵引力不均造成做缝不平整等问题，因而在毛衫造型设计中，分割线的数量、形态、位置都应以考虑毛衫本身面料特性为前提，只有这样才能起到对毛衫造型的美化与装饰作用。

（a）直线形分割线　　　　　　　　　　（b）任意形分割线

图3-13　针织毛衫的分割线

（三）褶

褶是服装结构线的另一种形式，是通过将布料折叠缝制或通过相邻部位面料的差量堆积所形成的多种形态、具有立体感的装饰线条。

在服装结构中，褶可以用来处理余量使服装贴合人体起到塑型的作用外，还具有装饰性、运动性，在功能上使服装富有一定的放松度来适应人体活动的需要。在针织毛衫中，褶可以通过不同特性组织的组合编织来实现，也可以通过织好一定尺寸的织片，然后进行折叠缝制而形成，如图3-14所示为褶饰针织毛衫。褶在静态时收拢、在动态时张开，这种变化赋予毛衫生动流畅之美。针织毛衫的褶设计需充分考虑面料的质地与性能特点。质地轻盈柔软的针织面料能够很好地塑造碎褶、抽褶以及自然堆积的波浪褶，而质地紧密具有一定挺阔感的面料则可以用来塑造风琴褶、工字褶等强调定型类的褶裥造型。

（a）堆积型褶皱　　　　　　　　　　（b）点缀型褶皱

图3-14　针织毛衫的褶

　　总之，针织毛衫内部结构线的设计需充分考虑针织面料的质地与特性，根据毛衫风格与外部廓型结构的需要进行相应拼接线、分割线以及衣褶的设计，使毛衫满足人体穿着与活动需求的同时符合不同风格的装饰美感。

二、针织毛衫的部件设计

　　任何整体都是由多个局部组合而成的，局部设计是依附于整体而存在的，在符合整体的前提下，不同的局部之间具有各自的相对独立性。针织毛衫的造型设计也是如此，在处理其领型、袖型、门襟、下摆以及边口这些局部结构设计的时候，应该在满足其服用功能与装饰功能的前提下，注意各个部件与毛衫主体造型之间的内在联系，使毛衫的整体与局部达到协调与统一。

（一）领型设计

由于毛衫领部与人的脸部最为接近，因此领部是毛衫中最容易吸引人目光的部件，尤其是在款式以简洁为主的基础款毛衫设计中，领部造型对款式风格的塑造发挥着至关重要的作用。领型的设计样式千变万化，每种领型都有自身的特点，针织毛衫设计中所应用的领型大致可分为无领型和有领型两大类。

在结构上，毛衫领部由领口和领子两部分构成。领口是毛衫衣身在人体颈部位置空出的缺口，也可称为领窝，其形态变化构成造型不同的无领型设计；而与领口相连接且独立于衣身之外的部分被称为领子。毛衫领部的构成因素主要为领窝的形状、领子的类型、领面的轮廓即领角的修饰等。

1. 无领型

无领是针织毛衫的特色领型，具有造型简洁、方便穿脱等特点。这种领型是通过在毛衫衣身的领口部位挖剪出各种形状的领窝而形成，如图3-15所示为无领设计针织毛衫，基本造型有圆形领、方形领、V字领、一字领、鸡心领等，还有一些变化领型如荡领、斜肩

（a）V字领　　　　　　　　（b）Y字领　　　　　　　　（c）一字领

（d）菱形领　　　　　　　　（e）圆形领　　　　　　　　（f）平圆领

图3-15　针织毛衫的无领设计

领、抽带领以及其他不规则的创意领型。无领毛衫设计中通常有加装领边和不加领边两种形式，通过折边、绳边、饰边、加罗纹边等工艺手法对领部的边口进行工艺处理，在利用针织面料的延弹性解决毛衫穿脱问题的同时有效缓解针织面料边口易脱散和卷边的情况。

无领针织毛衫具有造型简洁大方、穿着方便、舒适服帖、轻便柔软等特点，在设计中需要注意根据毛衫的整体设计风格与功能需要来把握领口的尺寸，对于领口较小的款式需要以设计对象的头部尺寸为基础依据，考虑毛衫的穿脱问题，必要时可以适当增加纽扣、拉锁或开衩设计以满足毛衫的服用需求；对于领口较大的款式设计时，需充分考虑毛衫对人体静止与运动状态下的遮蔽作用，以及穿着场合的适用性。

2. 有领型

有领型是由领口和领子两部分构成的领子造型，多用于外穿式或装饰性较强的针织毛衫设计中，从结构上可分为立领、翻领和坦领三类。

（1）立领：立领是从领围线沿颈部立起来的领子，整体形态根据领口宽度、深度以及领片的大小形成造型变化，如图3-16所示为立领毛衫。针织毛衫的立领多属直角结构，造型上一般不强调机织服装立领挺立、合体、严肃的效果，而是着重考虑其防风保暖的功能，因此多为封闭宽松型，可以用在套头衫和开衫设计当中，工艺上采用软性处理来体现轻松随意的感觉。

（a）堆叠型立领　　　　　　　　（b）直立型立领

图3-16　针织毛衫的立领设计

（2）翻领：翻领是领面外翻的一种领型，一般设有领座，但由于针织面料较柔软，因此领座设计较低且不刻意强调立挺效果。从材料上，针织毛衫的翻领可分为大身料翻领、横机翻领和异料翻领三种，如图3-17所示为各种翻领毛衫。

（a）直翻领　　　　　　　（b）衬衫领　　　　　　　（c）翻立领

（d）开襟式翻立领　　　　（e）圆形翻领　　　　　　（f）大翻领

图3-17　针织毛衫的翻领设计

大身料翻领的款式变化多表现为领面宽窄、领口开深、领口大小、领座高度以及领面外沿线的变化等，依据翻领的结构原理展开具体设计，由于原料组织的弹性较大，大身料翻领在毛衫设计中的应用非常广泛；横机翻领是采用针织横机进行编织的成形产品，结构上属于直角结构，多通过色织、边口组织的变化来丰富翻领的造型，常与袖口采用相同的形式来体现毛衫整体款式上的呼应效果；异料翻领则是根据结构与风格的需要采用机织类材料，使翻领更为平整和富装饰性。

（3）坦领：坦领是翻领的极限形式，即翻领的无领座形式。如图3-18所示为坦领针织毛衫，领面翻折后贴于肩部且与领口位置相连，看上去舒展、柔和，多用于风格浪漫、可爱的毛衫设计中。

（a）圆角坦领　　　　　　　　　　　　（b）尖角坦领

（c）花边坦领　　　　　　　　　（d）半封式尖角坦领

图3-18　针织毛衫的坦领设计

连帽领是在坦领的基础上演变而来的，多用在休闲类的毛衫设计中，在强调领部造型装饰性的基础上增添了实用功能，起到防风防寒的作用。

（二）袖型设计

袖子是包裹肩部和手部的服装部件，以筒状为基本形态，与衣身的袖窿相衔接构成完整的服装造型。衣袖一般由袖山、袖身和袖口三部分组成，在具体的设计中可根据款式风格的需要做袖衩、袖褶、分割线等变化设计。根据袖子与衣片的结构关系，针织毛衫袖型一般分为肩袖、装袖、连身袖、插肩袖四种主要形式。

1.肩袖

肩袖也称无袖，是指肩部以下无延伸部分，而是由袖窿形状直接构成的袖型，肩袖没有单独的袖片，如图3-19所示为无袖针织毛衫。除无袖设计外，还可在衣身的袖窿处进行工艺处理和装饰点缀，形成装饰性的花边，塑造毛衫活泼、浪漫之感。

（a）包肩式肩袖　　　　　　　　　　（b）露肩式肩袖

图3-19　针织毛衫的肩袖设计

　　一般情况下，紧身型的无袖针织毛衫贴身穿着，能够充分展现肩部与手臂的美感；宽松型的无袖针织毛衫则可以与其他贴身服装进行叠穿，丰富着装层次，塑造休闲松弛氛围。肩袖设计中，需要综合考虑面料的特性，同时对袖窿尺寸及构成形状的把控也是毛衫舒适性与风格塑造的设计重点。

　　2. 装袖

　　装袖即袖子与毛衫的衣身为两个独立的部分，袖片单独织成后与衣身在袖窿处缝合而成，对人体的包裹性强，穿着起来舒适合体，如图3-20所示为装袖针织毛衫。针织毛衫的装袖更多的是强调舒适、随意，外观平整流畅，便于活动。最常见的毛衫装袖为平袖，其袖山长度与袖窿围度尺寸相等，缝合后平服、自然。毛衫装袖均采用一片式袖片结构，其中合体型装袖一般通过针织面料的弹性来实现。

　　在针织毛衫的装袖设计中，袖山线的形态差异对袖型结构有着非常重要的影响，袖山的高度和曲度等的变化与装袖的合体度、袖窿的深度和围度、袖根缝合线的形态等都紧密相关。此外，在毛衫装袖结构的造型设计中，袖身长度的不同可形成长袖、中袖和短袖；袖身形态的不同可以演变出喇叭袖、泡泡袖、灯笼袖、羊腿袖等体积感较强的袖型；袖口的变化可分为收口袖和放口袖；工艺处理方法的不同又可分为罗纹袖、绲边袖、加边袖、折边袖等。

另外，毛衫袖口设计通常与领口设计是相互呼应的关系，大多采用相同的收边方式。

（a）自然型装袖　　　　　　　　　　（b）耸肩型装袖

图3-20　针织毛衫的装袖设计

3. 连身袖

连身袖也可称为连衣袖，是袖子与衣片连在一起织出的袖型，不需要额外装袖。我国传统制衣结构中多采用连身袖的袖型。

连身袖袖型在裁剪中对衣料的损耗较低，体现古人珍视面料、物尽其用的制衣哲学。如图3-21所示为连身袖针织毛衫，连身袖穿着舒适，肩部造型自然圆润，腋下衣片多有余量，手臂活动不受限制。在机织类服装中，穿着连身袖手臂自然下垂时腋下容易出现褶皱堆积，如衣料较厚则不够舒适和影响美观，但针织毛衫可以通过改变针法和组织结构的方式来处理腋下余量，同时针织面料柔软且弹性好，因此毛衫设计中连身袖的设计兼具美观性与舒适性，这类款式的毛衫受到很多人的喜爱。

4. 插肩袖

插肩袖是连身袖的一种延伸，即只将衣身上的肩部与部分领口转化成袖片，使整个肩部被袖片覆盖。如图3-22所示为插肩袖针织毛衫，这种袖型从视觉上加强了手臂的修长感，袖型简洁、流畅，一般多用于休闲风格的针织毛衫设计中。根据插肩量的不同，在构成形式上插肩袖有全插肩和半插肩之分，款式的变化主要体现在衣片与袖片互补形式的量与形状差异上，其袖体结构的变化则与装袖相同。

（a）连身袖款式一　　　　　　　　　　　（b）连身袖款式二

图3-21　针织毛衫的连身袖设计

（a）高领插肩袖　　　　　　　　　　　（b）无领插肩袖

图3-22　针织毛衫的插肩袖设计

（三）门襟设计

门襟是具有实用与装饰双重功能的服装部件，与领型相连，是针织毛衫局部造型中的重要部位。门襟设计主要体现在针织毛衫的开衫裾门处，形式主要呈条带状，一般与领型结构、门襟的闭合方式相结合来进行设计考量。

如图3-23所示为开襟针织毛衫，可以看出针织毛衫门襟的种类很多。根据门襟长度的不同可分为全开襟和半开襟，全开襟从领口直接开至毛衫底摆，半开襟根据款式不同来控制开襟的长度，一般用于套头式毛衫设计当中；根据门襟款式可分为明门襟和暗门襟、对称式门襟和非对称式门襟。毛衫的门襟工艺设计所用的织物组织有满针罗纹、2+2罗纹横路针、1+1罗纹、畦编、波纹、提花等。另外，可以根据款式风格和功能的需要利用拉链、纽扣、绳带等方式实现毛衫门襟的闭合。

门襟是针织毛衫整体结构中重要的分割线，具有改变毛衫领型的功能，如门襟在敞开与闭合的不同状态下，圆形领与V型领、立领与翻领、无领与驳领之间可以相互转化，使得同一件毛衫在不同穿着情况下产生或严肃端庄或轻盈活泼的不同风格。针织毛衫门襟的设计要始终结合毛衫整体的款式、组织结构、服用需求等因素综合考量，以穿脱方便、布局合理、美观舒适为设计原则，实现毛衫功能与审美的内在统一。

（a）直开襟　　　　　（b）斜开襟　　　　　（c）无领半开襟　　　　　（d）翻领半开襟

图3-23　针织毛衫的开襟设计

（四）下摆设计

针织毛衫下摆的形状、大小及组织结构、加工方法的变化也是毛衫造型设计中重要的组成部分，其造型及缝制方法的不同会对毛衫整体风格效果产生较大的影响，如平直型的下摆显得大方正式，弧线型的下摆显得休闲活泼，宽松型的下摆舒适性强且方便活动，修身型的下摆干练利索。毛衫下摆的长度、形状、对称方式以及用料上的变化可以赋予毛衫不同的风格特征，如前后下摆长度的不同、侧摆开衩的设计、有无花边装饰、单层下摆或多层下摆等。

　　毛衫下摆主要有直边、折边、包边这三种加工形式，如图3-24所示为各类下摆设计针织毛衫。直边式下摆是直接编织而成的，多采用各类罗纹组织和双层平针组织；折边式下摆则是将底边的织物折叠成双层或三层后缝合而成；包边式下摆是将底边用另外的织物对毛衫底摆进行包边完成的。需要强调的是，一般情况下毛衫的下摆应与领部和袖口的收边方式相统一，以确保毛衫整体造型风格的统一，所以在进行此类设计时需注意把握这几个对应部件的协调性。

 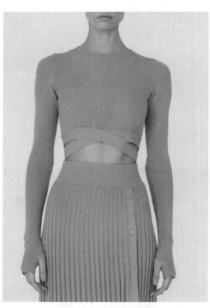

（a）直边式下摆　　　　　　　　　　（b）包边式下摆

图3-24　针织毛衫的下摆设计

（五）边口设计

　　针织类面料由于具有脱散性、卷边性的特点，因此针织毛衫的领口边缘、袖口边缘及下摆边缘等部位的边口处理就显得尤为重要。边口设计需要起到改善毛衫服用性能、增加毛衫边缘部位牢度的保型作用，其工艺实现形式多种多样，在具体的设计中需要根据毛衫整体的设计风格、面料特性、组织结构等进行选择。如图3-25所示为各种边口设计的针织毛衫。

1. 罗纹边口

　　在针织毛衫的边口设计中，罗纹饰边的方式最为普遍，其特有的伸缩性能够完全适应人体头部、手部以及上身躯干部分的尺寸变化，穿脱时伸展、穿脱后使毛衫各处边口恢复原貌。

（a）罗纹边口　　　　　　　　　　　　（b）绳边边口

（c）缝线边口　　　　　　　　　　　　（d）自然卷边边口

图3-25　针织毛衫的边口设计

2. 绳边和加边处理

对毛衫边口进行绳边或加边的材料可与衣身用料相同，也可采用罗纹或其他与衣身用料相适应的组织材料，通过绳边或加边的方式对毛衫不同部位的边口进行加固和装饰，不仅可以解决毛衫边口易脱散变形等问题，还能对毛衫整体起到一定的修饰和点缀作用。

3. 缝线处理

由于毛衫本身用料具有较好的伸缩性，在对毛衫边口进行缝线处理时所选用的缝线应同样具有与之相当的伸缩性能，且在缝制时也可采用如绷缝这类具有一定弹性空间的工艺方式，在稳定毛衫边口造型的同时不影响针织毛衫易穿脱的优点。此外在考虑缝线实用性的基础上，还可选用一些具有装饰性的缝线对毛衫的边口部位进行装饰设计，使毛衫的细节处理更具巧思和创意性。

4. 自然卷边

除以上对针织毛衫的边口进行额外加工处理的方式外，也可利用针织物本身所特有的卷边性使边口外翻呈现其本身自然的状态，特别在一些用色自然、风格古朴的毛衫款式设计中，这种体现织物本身特性的边口设计与之呼应，形成非常和谐的视觉效果。

思考与练习：

1.构成针织毛衫的造型要素有哪些？

2.针织毛衫造型设计中的形式美法则是什么？举例说明其在毛衫设计中的具体应用。

3.针织毛衫的外部轮廓有哪些形式？不同的廓型有哪些特点？

4.简述针织毛衫结构线的种类，分析各类结构线的特征和设计要点。

5.简述针织毛衫各个部件的常见形式与设计要点。

6.结合本章所学知识进行2~3款毛衫款式设计。

第四章
针织毛衫色彩设计

———

本章知识点：

1.色彩基础知识。

2.服装色彩的特性。

3.针织毛衫色彩设计的特点及形式美法则。

4.针织毛衫配色原理。

色彩是服装设计的三要素之一，是营造服装整体美感的重要元素。科学实验证明，人的视觉器官在观察物体最初的20秒内，色彩感觉占80%，形体感觉占20%；2分钟后，色彩感觉占60%，形体感觉占40%；5分钟后，色彩感觉和形体感觉各占一半，并且这种状态将持续下去。因此，服装色彩产生的影响力和感染力远远超过款式造型等元素，直接影响穿着者对服装的选择。毛衫是针织服装中最具特色的门类，其纬向线圈串套的结构特征决定了整体外观风格的特殊性，针织毛衫轮廓线条的柔和赋予了色彩比其他设计元素更强的视觉效果，色彩可以改变整套服装传递的信息，因此在设计针织毛衫色彩时，要了解色彩基础知识、服装色彩的特性、毛衫色彩设计特点，同时掌握毛衫色彩设计的组合方式等知识。

第一节　针织毛衫色彩设计特点

色彩在服装设计中起着十分重要的作用，它在满足人们物质需要的同时，给人们提供精神上的享受，因此协调、合理的色彩设计是服装设计成功的关键。

服装色彩设计是根据服装的特点和着装对象的体貌特征，依据一定的色彩原理进行设计的过程。在色彩的功能和配色原理方面，针织毛衫色彩设计具有和机织等服装色彩设计相同的特性，在设计毛衫色彩时，首先要了解色彩的基础知识、特性、配色原理等。

一、色彩基础知识

（一）色彩的分类

从物理学角度可以将世界上所有色彩分为"有彩色系"和"无彩色系"两大类别。

1. 有彩色系

有彩色系是指包括在可见光谱中的全部色彩。它以红、橙、黄、绿、青、蓝、紫等为基本色，基本色之间不同量的混合、基本色与无彩色之间不同量的混合产生的千万种色彩都属于有彩色系。有彩色系是由光的波长和振幅决定的，其中的任何一种颜色都具有三大属性，即色相、明度和纯度；也就是说一种颜色只要具有以上三种属性都属于有彩色系。

2. 无彩色系

无彩色系是指由黑白两色及他们之间相融合而成的各种灰色系列。从物理学角度来看，他们不包括在可见光谱之中，故而不能称为色彩。但是从视觉生理和心理学上来说，它们具有完整的色彩性，应该包括在色彩体系中。

无彩色系的颜色只有明度上的变化，而不具备色相与纯度的性质，也就是说它们的色相和纯度在理论上等于零，两色的明度可以用黑白度来表示，越接近白色明度越高，越接近黑色明度越低。

（二）色彩的属性

色彩具有三大属性：色相、明度、纯度，色彩三属性是所有色彩的基本构成要素。

1. 色相

色相指色彩的相貌特征，是区分色彩的主要依据。根据波长的不同，不同的色彩有不同的相貌特征，例如，红、橙、黄、绿、青、蓝、紫，这七种色是标准色，各有其相貌。

色相是色彩最直接的代表，是色彩的灵魂。用色料可以制作出美丽的色相序列即色带，将色带环绕而成色环，如图4-1（a）所示为12色色相环，图4-1（b）所示为24色色相环。

对于色相的感知和理解，可以分为光源的色相和物体的色相。

（1）光源色相：光源的色相取决于电磁辐射的光谱组成作用于人的感觉器官而产生的感觉，每一种波长的光被感觉就是一种色相。

（2）物体色相：物体的色相取决于电磁辐射的光谱组成及其物体反射或透射各种波长的光之比例作用于人的感觉器官而产生的感觉。

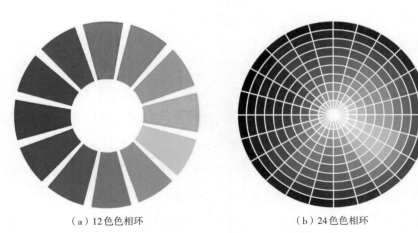

（a）12色色相环　　　　　　　　　　（b）24色色相环

图4-1　色相环

2. 明度

明度是指色彩的明亮程度，各种有色物体由于它们的反射光量的区别而产生颜色的明暗强弱。色彩的明度有两种情况：一是同一色相不同明度，如同一颜色在强光照射下显得明亮，弱光照射下显得灰暗；同一颜色加黑以后能产生各种不同的明暗层次。二是不同色相之间产生的明暗对比。

有色物体色彩的明度与物体的表面结构有关。如果物体表面粗糙，其漫反射作用将使色彩的明度降低；如果物体表面光滑，那么全反射作用将使色彩比较明亮。

明度是色彩的骨架，有独立性，素描、黑白照片反映的就是物体明度的变化。

3. 纯度

纯度又称为饱和度、彩度，是指可见光谱的单纯程度，是用来表现色彩的鲜艳和深浅的标准。一种颜色的纯度越高，色彩就越鲜艳；反之，纯度越低，色彩就会越暗淡。可见光谱的各种单色光是最纯的颜色，为极限纯度。当一种颜色掺入白色时，纯度就产生变化。当掺入的白色达到很大比例时，在眼睛看来，原来的颜色将失去本来的光彩，而变成无限接近于0纯度，也就是灰阶图像。

色彩的色相、明度和纯度三特征是不可分割的，应用时必须同时考虑这三个因素。

二、服装色彩的特性

服装素有"软雕塑"和"流动绘画"的美称。人们在察"衣"观"色"时，首先注意的是服装色彩，所谓"远看色，近看花"。因此，色彩在服装设计中起着重要的作用，但是服装不是纯艺术作品，服装色彩设计有其自身的特性。

（一）实用机能性

服装是具有艺术性的实用工业产品，在设计时，首先要考虑色彩的实用机能，在服装色彩设计中体现方便、实用、标识、警示等功能特点。如橙色环卫工作服和黄绿荧光色交警服的显色性，迷彩服的隐色性，医务、食品加工人员白色或浅色服装的显脏性，蓝绿色手术服和血红色的互补性等，无不体现了服装色彩的标识、警示、伪装、保护等功能。如图4-2所示为色彩的实用机能性，图4-2（a）为环卫工人橙色服装，运用醒目的橙色起到警示和安全保护的作用；图4-2（b）为迷彩色，用接近周围环境的迷彩色起到伪装和保护的作用。

（a）服装色彩的标识功能　　　　　　　　（b）服装色彩的伪装功能

图4-2　服装色彩的实用机能

（二）社会文化象征性

服装色彩在不同的时代和历史演变过程中，强烈地反映着时代文明特征和社会审美风貌。人作为社会中的个体，受到社会道德、经济、文化、风尚制约和影响的同时，也必然会反映出穿着者的文化修养、审美情趣乃至社会地位，成为表明其身份的象征载体之一。这种特点在中国的封建社会中更是达到了登峰造极的地步。历代帝王从唐朝开始，一律专用黄色，黄色在古代被称为正色，既代表中央，又代表大地，被当作最高地位和最高权力的象征。爱新觉罗·溥仪在《我的前半生》中有段关于黄色的描述："每当想起自己的童年时，脑海中首先浮出的便是'黄色'，琉璃瓦顶、轿子、椅垫、衣服帽子的内底、腰带、碗碟、棉套、书皮、窗帘、缰绳，无一例外，全部都是黄色的。"古代其他文武百官的冠服色彩也都有严格明确的等级区别，色彩成为明贵贱、辨等级的社会工具。

一些特殊职业的职业装色彩往往也带有很强的象征性，如象征和平繁荣的邮政部门的绿色服装；联合国维和部队又称"蓝盔"部队，蓝色贝雷帽象征联合国国际组织（联合国国旗是蓝色），又是和平的象征；还有象征中国传统特色的红色等，如图4-3所示为具有浓郁中国传统色的红色针织服装。即便是同一个颜色，不同的款式、材质，不同的用途，不同的国度中，所含的意义和情感也是不同的，要从大的民族、国家，到小的人物性格、地位和服装用途来把握色彩的象征性意义。

图4-3　服装色彩的文化象征性

（三）时代性

服装色彩的时代性，指在一定历史条件下，服装色彩所能表现出来的总的风格、面貌、趋势。当然，每一个时代都会有过去风格的痕迹，也会有未来风格的萌芽，但总有一种风格成为该时代的主流。服装上所能看到的色彩可以说是历史发展的见证，例如商代尚白、周代尚赤、秦代尚黑、汉代尚红、唐代尚黄，黄色渐渐成了帝王的象征。从战国时期楚墓出土的织物看，楚国当时流行褐色系衣着；汉代流行红褐一类的暖色调；魏晋时期崇尚清淡色；盛唐丝绸之路织品丰富，有银红色、绛紫色、绛红色、朱砂色、猩红色、宝蓝色、葱绿色等；宋代织锦、缂丝技艺达到相当水平，用色素雅庄重，缜密和谐，高彩度色少；元代民间印染工艺发展快，色彩多样。同时，服装色彩的时代感也标志着同时期的科技与工业的发展水平。20世纪70年代，阿波罗登月成功，引发时尚热潮，太空竞赛不仅提供了技术创新和物质发展的持久源泉，而且决定了产品、服装、环境甚至是人体在将来重新设计的想象空间。如图4-4所示是现代光感科技下的毛衫色彩运用，通过花式纱线、透明丝以及蓝色水溶线条表现手法，表达现代科技效果。

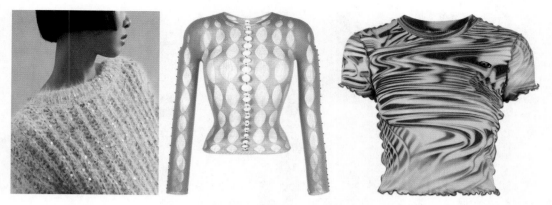

图4-4 融入科技时代的毛衫纱线及色彩

（四）审美装饰性

装饰既是造型艺术的基本特征，也是最常用的创作手法。服装色彩的装饰性是指在实用功能的基础上，通过色彩来实现服装的审美价值的性能，色彩在服装中的装饰价值是由色彩美的规律和人类的审美标准双重因素决定的。

1. 装饰美的多样性

在服装配色方面，色彩的调和也是色彩美的基本依据。只要能使人产生愉悦的审美感受并满足使用的目的就可以说是美的。如图4-5（a）所示为现代男士毛衫设计，通过多样的色彩搭配和趣味性的图案设计，表达现代男士的审美需求和现代毛衫的流行方向。

2. 装饰美的时尚性

服装色彩的美存在空间性和时间性两个方面。

空间性是指色彩在同时对比的情况下，色彩间的关系美，即要求一个人的服装本身的色彩关系与周围环境要协调。如图4-5（b）所示为海岛度假系列男装毛衫，使用细支蓝色马海毛纱线和镂空针法，呈现浓郁的度假感，蓝色和海岛环境和谐而又体现时尚装饰性。

时间性是指人们在不同时期对服装美的标准会有所不同。服装流行色现象促成了服装色彩审美的多变性特征，因此，色彩的装饰必须结合使用环境、着装对象、用途及色彩组合关系、流行等因素综合考虑。如图4-5（c）所示为粉色时尚男士毛衫，水晶玫瑰粉在男装毛衫上的运用显得非常和谐，能更好地表现出男性的绅士儒雅气质，也体现了现代男士针织毛衫色彩的时代性和多样性。

（a）装饰美的多样性

（b）装饰美的空间流行性

（c）装饰美的时间流行性

图4-5 服装的审美装饰性

三、针织毛衫色彩设计的特点

　　色彩设计在针织毛衫设计中占有非常重要的地位。针织毛衫是从纱线开始设计的，纱线是色彩的承载，纱线的属性（包括纱线风格和色彩等要素）在一定程度上已经对所要设计的服装风格产生了引导性的作用，也决定了服装的色彩定位、色系感等，这也是与机织服装设计最为不同的环节。除了考虑纱线的色彩外，还要考虑织物组织结构所造成的肌理效果对整体色彩的影响，可以利用色彩、组织的变化分割进行针织毛衫的色彩设计。

（一）毛衫纱线对色彩设计的影响

　　纱线是以线圈为结构的针织毛衫最直接的表现语言。纱线基本特征的变化，如纱线采用单纱还是股线，其成分、粗细、捻度、捻向等结构的变化都会影响纱线色彩的表现质感，如图4-6所示为采用各种不同成分花式纱线编织的呈现出不同色彩肌理效果的针织毛衫。可见，选择有表现力的纱线是一件毛衫设计成功的一半，利用纱线的可塑性和丰富性，充分发挥纱线的色彩表现力，可以使毛衫获得丰富多变的色彩肌理效果。

（a）粗感花点纱　　　　　　（b）色彩多样金银葱丝纱　　　　　　（c）色彩丰富长绒貂绒

图4-6　纱线色彩的肌理效果

1. 纱线材质对毛衫色彩的影响

毛衫的适应原料性较广，棉、麻、丝、毛（羊毛、羊绒、羊仔毛、兔毛、驼毛、马海毛、牦牛毛）等天然纤维和化学纤维以及各种混纺纱等纺织原料均可用来编织毛衫。随着科学技术的发展，一些新型纤维如牛皮纤维、牛奶纤维等也广泛应用于毛衫生产中。不同的纤维具有不同的截面形状和表面形态，其面料对光的反射、吸收、透射的程度也各不相同，从而影响了针织物的色彩感觉。棉麻的吸湿透气性都相对较好，但是在色彩的表现上，棉纱的染色鲜艳度和色彩表现都比麻类纱线要强；麻类纤维比较粗硬，织物风格粗犷，容易造成上色不易或者染色不均，比较适合自然朴素的颜色，保持纱线本身的颜色也是市场设计中运用较多的手法；毛织物因表面粗糙，对光的反射弱，色的纯度与明度都有减弱的趋势，同时织物相对较厚重，因此，用色力求稳重、大方、文静、含蓄，常常采用中性色，明度、彩度不宜过高，当然也要根据消费者年龄、性别、季节、流行等因素来定；而丝织物表面光滑，对光的反射力强，有色彩明度较高、鲜艳度好、色彩比较丰富等特点；化学纤维形成的织物表面色泽鲜艳，有光泽度好、挺括等特点。如图4-7所示为不同纱线材质色彩表现的毛衫，图4-7（a）所示为金银丝混纺纱，在纺纱时混入具有光泽质感的金银丝，能很好地缓解金银丝的锋利粗糙扎感，更加细腻精致，形成华丽的视觉外观，打造时尚摩登造型；图4-7（b）所示为100%尼龙的蝴蝶纱，具有灵动的视觉效果，手感干爽，质轻，柔软且透气，织片有较好的挺括质感；图4-7（c）所示为圣鎏金纱质毛衫，圣鎏金是全新的包缠珠片纱结构，纱

线本身具有绚丽的色泽，穿入绚烂的亮片材料使织物充满惊艳的视觉效果，挺括性与悬垂性
完美融合，纤维采用回收涤纶以倡导自然环保，该组纱线混织可以塑造更多织物外观。

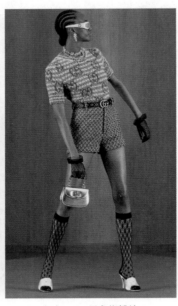

（a）金银丝混纺纱　　　　　　（b）100%尼龙蝴蝶纱　　　　　　（c）圣鎏金纱

图4-7　不同纱线材质的色彩表现

2. 纱线支数和捻度对毛衫色彩的影响

毛纱的支数是表示纤维或纱线粗细程度的单位。纱线支数直接影响针织服装的风格表
现，支数不同，色泽效果也不同。支数越大，纱线越细，所形成的面料表面相对细腻顺滑，
色泽较鲜艳，整体的感觉较为精细高档；而支数小的纱线所织的面料在视觉效果以及手感
上都会给人随性、粗糙、廓型感较大、色泽朴素的效果。如图4-8所示为不同纱线质感的
色彩表现毛衫，图4-8（a）所示为超细支的1/90NM纱线毛衫，可代替透明丝，在夏季体现
清凉透气的质感；图4-8（b）所示为1/14NM纱线毛衫，面料细腻顺滑；图4-8（c）所示
为粗支纱毛衫，呈现宽松和粗犷风格。

捻度是表示纱线单位长度内所具有的捻回数，是影响毛衫生产和外观效果的一个重要
因素。毛纱的捻度系数较大时，纤维倾斜角较大，光泽较差，手感较硬，反之则相反。捻
度系数不仅影响成纱颜色的深浅，还影响着成纱颜色的色相、明度和饱和度。随着成纱捻
度系数的增大，成纱在可见光范围中的反射率依次减小，其颜色越来越深，成纱的明度和
饱和度随之降低，使得光泽变差。

（a）1/90NM纱线毛衫　　（b）1/14NM纱线毛衫　　　　（c）粗支纱毛衫

图4-8　不同纱线质感的色彩表现

（二）毛衫组织结构对色彩设计的影响

组织结构是针织毛衫独具魅力的设计，也最为复杂多变，同种纱线、不同组织或者不同纱线、同种组织，都有着各自的成型感和色彩表现。

1. 织纹对毛衫色彩设计的影响

针织毛衫常用的基本组织很多，包括基本组织有纬平针组织、罗纹组织、双反面组织以及花色组织有集圈组织、波纹组织、移圈类组织、提花组织、嵌花组织等。不同的织纹结构对光线的吸收和反射不同，形成的色彩外观效果不同，通常纬平针组织、罗纹组织的色泽细腻、光滑，色彩较鲜艳；而集圈、移圈类、波纹组织等织纹较粗糙，色彩的明度和纯度都要低些。如图4-9所示为各种组织结构色彩效果的毛衫。图4-9（a）所示为平针组织条纹毛衫，色彩搭配简洁，条纹打造干净清爽的视觉感受，更加适用于运动休闲风格的毛衫款式设计中；图4-9（b）所示为嵌花组织毛衫，织物更轻薄，配色更多样、靓丽；图4-9（c）所示为提花毛衫，提花组织色彩多变，花型逼真，纹路清晰。

（a）平针组织的色彩表现　　　　　（b）嵌花组织的色彩表现　　　　　（c）提花组织的色彩表现

图4-9　各种组织结构的色彩效果

2. 色彩的变化

在毛衫色彩设计中，不同组织结构适合不同的色彩变化处理方法。

肌理感较简洁的组织，如纬平针组织、双反面组织等，可以采用色彩对比或图案的变化来打破组织结构的单调性。立体感较强的组织，如集圈、移圈类组织等，因织物组织本身的肌理装饰效果较强，所以此类组织配色多用色彩色相、明度、纯度本身的变化，配合织物本身肌理效果进行装饰，或者采用花式纱线编织的手段，通过纱线色彩和组织结构相结合达到色彩装饰的目的。色彩变化的手段除了用传统的色纱、花式纱线交织方法外，还可以运用扎染、印花、刺绣、镶拼等毛衫成衣后期整理手段达到色彩装饰的效果。例如扎染工艺，扎染与织物肌理的结合是创造新颖针织服装的重要手段之一，针织服装的肌理感带给人们别样的视觉体验，而与扎染相结合的设计手法既保留了传统扎染的人文特色，又在一定程度上吸取了时尚潮流元素。根据肌理的特点和组织结构花纹的特色对其进行染整，不仅增添了服装的层次感，也增添了服装的审美艺术气息。如图4-10（a）所示为平纹组织毛衫，通过互补色对比变化达到强烈的色彩装饰效果；如图4-10（b）所示为移圈组织毛衫，通过不同色相的对比变化产生色彩装饰效果；如图4-10（c）所示为扎染效果毛衫，颜色的深浅变化和扎染图案位置的分布都使之变得有趣味性，充满艺术感。

（a）平纹组织毛衫的色彩变化　　　　（b）移圈组织毛衫的色彩变化　　　　（c）扎染工艺形成的色彩美感

图4-10　各类色彩变化

第二节　针织毛衫色彩设计原理

　　色彩是服装美的重要构成要素，因而服装色彩设计成了服装设计中的重要任务之一。针织毛衫色彩设计同样遵循色彩心理学概念、形式美法则和配色原理，但针织服装产品的配色与机织服装产品有着不同的概念。针织服装产品的配色要结合纱线的色彩、纱线的外观肌理效果、织物组织结构等特点来进行配色研究。不同的配色效果产生的针织服装的外观风格是不一样的。

一、针织毛衫色彩设计的形式美法则

　　形式美是指客观事物外观形式的美，是构成事物的物质材料的自然属性（色彩、形状、线条、声音等）及其组合规律（如整齐一律、节奏与韵律等）所呈现出来的审美特性和法则。色彩设计是毛衫美学视觉形式美感重要的构成要素，合理运用形式美法则是毛衫色彩设计的主要任务之一。

（一）比例在毛衫色彩设计中的应用

比例是服装中最常用的形式美原理，服装上到处可见比例美的存在。在造型设计中，用极佳的比例创造优美的造型，可以使审美在数量尺度上达到完美和统一。同样，在色彩设计中，也需把握好色调及整体色彩的分割比例。常用的比例关系有黄金分割、渐变比例和无规则比例等，在服装设计中，黄金比例可简化为 3∶5 或 5∶8，在构图形式上被公认为最优美的视觉比例。但随着时代的变迁，比例也视潮流而定，可能会运用反差比例而表达一种新的时尚。渐变比例是色彩按照一定的规律阶梯式推移，可以是色相、明度和纯度的推移，最终产生由一种颜色慢慢向另一种颜色渐变的效果。无规律比例强调打破常规，在配色上追寻潮流以产生新鲜感和刺激感，当然，无规律特点就是不要规规矩矩，但绝不等同于胡乱搭配的毫无章法，看似漫不经心，实则出奇制胜，虽然是多种色彩共存，但还是要确定一个主"基调"，以这种基调为主线，其他风格做点缀，有轻有重，有主有次。如图 4-11 所示为渐变色变化毛衫，呈现一定的韵律感。图 4-12 为无规律比例色彩对比毛衫，呈现对比强烈、色彩炫目的视觉感。

图 4-11 渐变比例的色彩效果　　　　　　　　图 4-12 无规律比例的色彩效果

（二）均衡在毛衫色彩设计中的应用

艺术造型中，整体内各形式因素之间的组合关系若能给人以平稳、安静的感觉，这种组合关系称为均衡。均衡可以是形式均衡和色彩均衡，形式均衡不同于对称，它是造型、材质、图案等外在形式在非对称的前提下实现的"量与力"在视觉心理上的平衡，是内在的统一、变化的统一。所谓的"色彩均衡"，即能够合理地搭配色彩中的色相、明度关系、冷暖色调等，进而使整体更加协调，体现针织服装的"形式美"。如图4-13所示为依据色彩的均衡美设计的毛衫，图4-13（a）所示为形式均衡毛衫，通过不同材质、不同纹样、色彩面积的大小结合达到形式上的均衡美感；图4-13（b）所示为色彩均衡毛衫，通过不同图案、相同色相、不同面积的搭配，达到色彩的对比调和与均衡效果。

（a）形式均衡　　　　　　　　　　　　　　　（b）色彩均衡

图4-13　色彩的均衡美

（三）旋律在毛衫色彩设计中的应用

旋律又叫作律动、韵律，属音乐术语，由音响运动的轻重、缓急形成，通过强弱、高低、长短的重复及间隔或停顿交错出现的一种规律。在造型设计中，是指造型要素有规则的排列所形成的律动美感，近似元素的连续变化产生的强弱，抑扬或轻快自由的流动感。毛衫色彩中的旋律法则就是运用色彩和形象、肌理等元素的结合，在作品中有变化的规律性重复，并通过这种重复引导、调动观众的视觉活动，从而产生与设计者预期相符的心理体验，进而达成其设计意图和美感体验。如图4-14所示为色彩旋律毛衫，图4-14（a）为Angela Missoni秋冬毛衫，通过竖条纹和色彩打造旋律感；图4-14（b）为Missoni用赋予变化的"之"字形图案打造出韵律感；图4-14（c）为Sonia Rykiel用红色条纹和款式层次形成旋律美感。

（a）色彩条纹旋律　　　　　　　　　（b）色彩几何图案旋律　　　　　　　　　（c）条纹和款式旋律

图4-14　色彩的旋律美

二、针织毛衫配色原理

　　形式美作为理论性的美学法则用在针织服装配色设计中，强调的是色与色之间、色与纱线等的搭配关系，即和谐为美的基本法则，要把握好色相、明度之间的搭配关系。

（一）同一色相配色设计

　　同一色相配色是指将某一颜色加无彩色系的黑白灰而形成的不同深浅的颜色。同一色相配色具有和谐感强的特点，容易给人以幽雅、含蓄、宁静的印象，但如果明度和纯度对比不足，则易产生单调、平淡的视觉印象。在针织毛衫色彩设计中，可通过明度和纯度的对比加强视觉感，也可通过纱线材质、组织结构的变化强化对比感，如图4-15所示为通过同一色加黑白灰形成的毛衫配色设计。图4-15（a）所示为粉色系毛衫，通过在粉色系中加入白色，提高明度的手法，形成雅致又少女的视觉感受；图4-15（b）所示为紫色系毛衫，紫色系中加入黑白色调和，产生强烈的明度对比；图4-15（c）通过同材质加入黑色，产生明显的明度对比效果；图4-15（d）红色系加入黑色，用大色块分割，产生明度和色相的对比变化；图4-15（e）所示为绿色系毛衫加入黑白色强化明度渐变对比，产生色彩的渐变韵律效果；图4-15（f）所示为蓝色调毛衫通过蓝色调的明度渐变产生雅致的效果；图4-15（g）所示为橙色系毛衫，通过在裙装橙色中加入黑色间隔调和，使上下装在统一中产生对比变化，打破统一色相配色单调、呆板的视觉印象；图4-15（h）所示为蓝绿色系毛衫外套，加入白色统调色调，改变了因一个色调产生的单调感，增加了活跃效果；图4-15（i）所示为红色系毛衫，加入黑白强化对比，同时用明度不同的红色系几何图形增强节奏感。

（a）加入白色提高明度　　　　（b）加入黑白色强化对比　　　　（c）加入黑色强化明度对比

（d）加入黑色强化对比　　（e）加入黑白色强化明度渐变　　（f）加入黑白色调和

（g）加入黑色统调色调　　　　（h）加入白色统调色调　　　　（i）加入黑白色强化对比

图4-15　同一色相配色

（二）类似色相配色设计

类似色相是指色相环上60°左右的色彩。在类似色的色彩之间，既有一定的共同因素，又有比较明显的色彩差别，属色相的中对比。类似色相的配色效果显得丰满、活泼，既保持了随和、统一的优点，又克服了视觉对比不强的缺点。服装设计中经常使用这种配色方法，如图4-16所示为类似色相配色毛衫。图4-16（a）所示毛衫以黄色、蓝绿色类似色相配色，用黄色的高明度和深蓝绿色的低明度形成明度强对比，形成强烈的明度感受，配色效果丰满、活泼；图4-16（b）所示毛衫以红色、橙黄色为主，配以黑灰色格子作为调和色，色调艳丽又和谐统一；图4-16（c）所示毛衫以红黄色配色，配以大面积灰色调和，使整件毛衫色彩跳跃又含蓄。

（a）黄色、蓝绿色色相配色　　　　（b）红色、橙黄色色相配色　　　　（c）红色、黄色色相配色

图4-16　类似色相配色

（三）对比色相配色设计

对比色相是指色相环上90°~180°的配色，具有饱满、华丽、欢乐、活跃的感情特点，容易使人兴奋和激动。但是，如果配置不合理，也容易给人一种简单、原始、粗俗的印象，如图4-17所示为对比色相或者互补色相配色毛衫，色彩搭配更加浓烈夸张，视觉冲击力强，达到夺人眼球的视觉效果。

（a）红、蓝配色跳跃，用黑白色统调　　　　　　　　（b）花朵装饰用红、绿配色，饱满、华丽

（c）对比色相配色艳丽　　　　（d）红、蓝配色跳跃、活泼　　　　（e）红、绿互补色配色

图4-17　对比色相配色

（四）无彩色系之间的组合

无彩色包括黑白灰三大类。黑白灰配色是最常见、最传统的配色方式，通常给人一种简约、时尚感。如图4-18所示为黑白灰配色毛衫，呈现简约大方的视觉感受。

图4-18 黑白灰配色效果

思考与练习：

1.色彩的三属性和服装色彩的特性有哪些?

2.了解和掌握针织毛衫色彩设计的特点和配色原理。

3.针织毛衫色彩设计受哪些因素的影响?

4.针织毛衫色彩设计遵循哪些形式美法则?

5.针织毛衫有哪几种配色原理?

6.对当季毛衫色彩流行趋势进行调研，根据调研资料，任选两种配色方案进行系列毛衫配色设计。

第五章
针织毛衫装饰设计

本章知识点:

1. 针织毛衫基本装饰分类。

2. 织物组织变化产生的装饰及效果。

3. 添加装饰物产生的装饰及效果。

4. 后加工产生的装饰及效果。

5. 色彩和图案产生的装饰及效果。

装饰艺术作为一种现代的艺术形式，集中体现了材料、肌理、结构、工艺技法等因素的综合协调之美，应用装饰设计可以增强毛衫的表现力、艺术性和美感。在针织毛衫设计中，设计师除了对针织毛衫的纱线、组织结构进行选择设计外，选取适合的装饰工艺可以使针织毛衫无论是从设计手法还是产品效果上都得到极大的丰富。装饰工艺作为现代服装设计的重要元素，是针织毛衫设计中不可缺少的一部分，其运用手法多样，本章主要从织物组织变化产生的装饰及效果、添加装饰物产生的装饰及效果、后加工产生的装饰及效果、色彩和图案产生的装饰及效果四个方面进行阐述。

第一节　针织毛衫基本装饰分类

装饰，《辞源》解释为"装者，藏也，饰者，物既成加以文采也"，指的是对器物表面添加纹饰、色彩以达到美化的目的。装饰作为一种艺术美化方式，涵盖人们的衣、食、住、行各个方面，经过装饰的物品能够突显出丰富的艺术表现力，提高其自身的经济价值和社会效益。

毛衫装饰设计是指利用服装美学原理，选取恰当的装饰手法或各种装饰品为毛衫增加视觉美感，并赋予毛衫不同的风格特点。随着社会的发展，人们的审美水平不断提高，对服装穿着的要求越来越高，为了满足不同消费者要求，往往需要通过不同的装饰手法来丰富其内容。

针织毛衫根据其纱线、组织结构等特性有着特有的装饰方法和手段，如可用丰富的肌理变化、多样的纱线变化、花型图案的变化、织物以外的装饰等手段来达到装饰的目的。如图5-1所示为各类装饰手法毛衫，图5-1（a）为镂空肌理毛衫，通过丰富的镂空肌理变化打造性感的视觉感受；图5-1（b）为毛衫通过亮片纱和花式纱线的结合，体现高贵摩登的视觉效果；图5-1（c）为Etro的民俗花卉毛衫，将花卉图像进行几何感和像素化的形式呈现在款式中，使毛衫更加年轻化；图5-1（d）将流苏应用到毛衫中，体现波西米亚的风格；图5-1（e）为皮革拼接毛衫，用硬质地的皮革将毛衫的松垮廓型改变得更加立体，使毛衫更具新意；图5-1（f）为刺绣毛衫，流苏工艺与传统绣花结合，带来简约、时尚的视觉享受。

（a）镂空肌理　　　　　　　　（b）丰富的纱线　　　　　　　　（c）民俗风图案

（d）织物外装饰流苏　　　　　（e）织物外装饰皮革拼接　　　　（f）织物外装饰刺绣工艺

图5-1　毛衫装饰手法

　　同时毛衫的装饰从空间造型来说，又可以分为平面装饰、半立体装饰和立体装饰，如图5-2所示为各种空间造型装饰毛衫。

　　平面装饰主要指毛衫纱线本身的特点和面料存在的一些色织、印染的花型、图案等，图5-2（a）所示为平面图案装饰毛衫，通过采用不同颜色的纱线并应用局部编织工艺达到丰富的图案装饰效果。半立体装饰主要指毛衫各种组织结构设计形成的装饰效果，图5-2（b）所示为组织结构半立体装饰毛衫，通过绞花、阿兰花、双反面等不同组织的复合编织达到立体装饰效果。立体装饰范围较广，如皮毛、珍珠、水钻、蕾丝、编织、手工缝纫等装饰都属于立体装饰。此外毛衫本身造型上的褶皱、荷叶、流苏、抽缩等也属于立体装饰的范畴。图5-2（c）所示为手工编织立体装饰，通过手工编织工艺和毛衫组织结构的结合，达到强烈的立体视觉效果。当然随着针织时尚文化的发展，在实际的毛衫设计中，各种装饰方法之间都是相互搭配进行装饰的，如立体装饰与平面装饰相结合，以及各种装饰材质之间交错使用等。

（a）图案平面装饰　　　　　　　（b）组织结构半立体装饰　　　　　　（c）手工编织立体装饰

图5-2　毛衫空间造型装饰分类

第二节　针织毛衫基本装饰方法及效果

一、织物组织变化产生的装饰及效果

利用织物组织结构的变化对毛衫进行装饰是针织毛衫最基本的装饰手法。不同的组织结构可产生不同的肌理外观效果，利用变化多样的毛衫组织结构进行装饰设计，可以营造出毛衫的多种风格。

（一）镂空效果

毛衫组织结构中通过移圈、集圈、脱圈以及色块间无连接嵌花设计等方法形成的镂空效果，以透气、美观、轻薄的特点，在春夏女式针织衫中应用广泛。如图5-3所示为镂空效果毛衫。款式通过镂空等针法设计，丰富毛衫画面感。图5-3（a）~（c）为浮线镂空毛衫，在编织过程中通过不编织或脱圈等方式可形成长短不一的浮线，从而产生镂空效果；图5-3（d）~（f）为移圈镂空毛衫，通过不同的移圈方式形成不同的结构花纹图案，丰富毛衫装饰效果。

（a）浮线镂空1　　　　　　　　　（b）浮线镂空2　　　　　　　　　（c）浮线镂空3

（d）移圈镂空1　　　　　　　　　（e）移圈镂空2　　　　　　　　　（f）移圈镂空3

图5-3　镂空组织装饰效果

（二）凹凸立体效果

针织毛衫中通过组织结构的变化和组合、纱线细度变换、密度变化等手法可产生各类不同的凹凸效果。凹凸效果可以赋予面料较好的浮雕感，同时又使针织毛衫具有较好的立体感，使针织服装更具时尚感和造型表现力，是针织毛衫开发中应用广泛的一种效果。如图5-4所示为凹凸立体效果毛衫。图5-4（a）为罗纹组织和平针组织组合产生的凹凸效果毛衫；图5-4（b）～（d）为罗纹组织和双反面组织组合产生横纵等凹凸图案；图5-4（e）为采用不同罗纹组织组合而形成的不同宽度凹凸纵条纹效果毛衫；图5-4（f）为采用绞花和

（a）罗纹平针　　　　　　　　（b）罗纹双反面1　　　　　　　　（c）罗纹双反面2

（d）罗纹双反面3　　　　　　　（e）变化罗纹　　　　　　　　（f）绞花阿兰花

图5-4　凹凸立体装饰效果

阿兰花组合产生明显凹凸立体效果的毛衫。可见，通过不同组织结构的变化，可在针织毛衫表面产生风格迥异的凹凸立体效果，给人们带来较强的视觉冲击力。

（三）褶皱效果

把不同结构特性组织相组合或是采用不同缩率的纱线编织可形成褶皱肌理。在部分毛衫中，还可通过后加工如增加装饰线等方式来形成褶皱。如图5-5（a）~（c）为通过平针、罗纹、双反面等不同组织的组合所形成的褶皱效果毛衫；图5-5（d）为采用不同缩率纱线编织形成褶皱的毛衫；图5-5（e）（f）为采用后加工方式形成褶皱的毛衫。褶皱肌理的运用增加了针织毛衫的微立体层次感，使得毛衫更显优雅时尚和成衣化。

（a）组织复合褶皱1

（b）组织复合褶皱2

（c）组织复合褶皱3

（d）纱线变化褶皱

（e）后加工褶皱1

（f）后加工褶皱2

图5-5　褶皱效果

（四）荷叶边效果

荷叶边组织效果是针织毛衫表现浪漫、甜美的重要装饰手段，常用于毛衫的花边组织，也可缝缀在织物表面做装饰，其富有立体感的形态丰富了毛衫的造型语言，如图5-6所示为荷叶边毛衫。图5-6（a）通过同色同质的荷叶边设计，打造优雅浪漫的视觉效果；图5-6（b）为同材质不同组织荷叶边，起到了很好的装饰及门襟部位分割作用；图5-6（c）通过同色不同质的荷叶边及色彩的部分对比，强化浪漫的少女气息；图5-6（d）同材质不同色彩荷叶边，无彩色和有彩色系的对比，提亮整个造型感。图5-6（e）同质不同组织结构荷叶边，起到边缘性的点缀效果，并且强调了边缘结构，柔化了毛衫的整体廓型；图5-6（f）同色不同组织荷叶边，和鱼尾结构结合，产生改变身形、优雅的视觉感受。

（a）同色同质荷叶边 　　　（b）同质不同组织荷叶边 　　　（c）局部对比色荷叶边

（d）异色同质荷叶边 　　　（e）不同组织结构荷叶边 　　　（f）同色不同组织荷叶边

图5-6　荷叶边装饰效果

二、添加装饰物产生的装饰及效果

前面所讲的针织物组织本身具有脱散性、拉伸性等特殊属性，决定了针织毛衫不宜采用复杂的剪裁手法和烦琐的缉缝工艺，基于这些特性，为了消除针织毛衫造型中的单调感，通常采用一些附加的装饰手段来弥补针织毛衫造型的不足。因此，在针织毛衫的设计中除了直接利用编织的组织结构来组成花型图案之外，还可以用添加装饰物的方法来设计形成毛衫上的各类装饰效果。在针织毛衫上添加装饰物主要可分为两大类，一种是以实用为主的装饰物，如拉链、纽扣、别针等，这些辅料一般都以实用为前提，起到固定和连接作用，同时也起到点缀、平衡对称等装饰作用；另外一种是单纯以装饰为目的装饰物，如单独的钩花、刺绣、金属物、烫钻装饰等。

（一）运用拉链形成的装饰效果

拉链在近几年的针织毛衫设计中，已经成为休闲运动装使用频率最高的元素之一。运用拉链装饰，不仅能起到闭合保暖的实用效果，还可为针织毛衫的装饰起到画龙点睛的作用。如图5-7所示为拉链装饰毛衫，拉链运用到款式分割线、边缘线等位置，如省道、肩线、育克等部位，加强毛衫的视觉效果；也可用在外轮廓造型线、背部或下摆装饰线等位置，增加毛衫单品的硬挺质感。图5-7（a）~（c）为拉链装饰毛衫，拉链运用到门襟位置，在毛衫中起到实用闭合作用的同时，用金属银色拉链起到很好的装饰性效果；图5-7（d）~（f）将拉链运用到公主线、前胸、肩袖等位置，柔软的毛衫融合金属拉链，起到强烈的装饰性效果。

（a）门襟拉链1　　　　　　（b）门襟拉链2　　　　　　（c）门襟拉链3

图5-7

（d）省道拉链

（e）前胸拉链

（f）肩袖拉链

图5-7　拉链装饰效果

（二）运用纽扣形成的装饰效果

纽扣是人类常相伴守的生活服饰用品，起到连接、闭合服装的作用，使其严密保温，还可使人仪表整齐；同时别致的纽扣还会对服装起点缀和画龙点睛的作用。随着快时尚的兴起，纽扣在针织毛衫中的作用也从以前的功能型转变成创意型。如图5-8所示为纽扣装饰毛衫，起到很好的实用和装饰性效果。图5-8（a）～（c）为实用性金属纽扣，在连接、闭合毛衫的实用基础上，用不同造型、材质等多样变化的纽扣装饰毛衫，起到比较强烈的装饰效果。图5-8（d）～（f）为纯粹装饰性纽扣，金属质感及不同造型的纽扣装点净色毛衫，通过不同纽扣间的反差元素等，营造精湛、时尚的视觉感受。

（a）实用性纽扣1

（b）实用性纽扣2

（c）实用性纽扣3

（d）袖部装饰性纽扣　　　　　　（e）肩部装饰性纽扣　　　　　　（f）门襟装饰性纽扣

图5-8　纽扣装饰效果

（三）运用金属形成的装饰效果

金属装饰是现代针织毛衫重要的辅料装饰之一，极具设计感的金属造型可以给毛衫带来别致魅力，如传统的作为胸针的金属装饰与毛衫搭配可表现立体感。随着时尚的发展，金属装饰衍生出了更多的装饰范围和造型类别，如在门襟、前胸、颈部、肩部等细节处用金属扣襻尽显个人品位，或是在腰间、吊带等接口处做嵌入式金属链条达到装饰性连接感等。如图5-9所示为金属装饰毛衫，金属点缀注重局部的装饰效果以及金属辅料的材质质感，一般用在毛衫个别部位进行少量点缀的设计手法，达到少而精的视觉感受，同时丰富毛衫的手感层次。图5-9（a）为金属扣襻及链条饰装毛衫，扣襻和流苏链

（a）金属扣襻装饰　　　　　　（b）金属链条装饰1　　　　　　（c）金属链条装饰2

图5-9

| （d）金属链条装饰3 | （e）金属纽扣装饰1 | （f）金属纽扣装饰2 |

图5-9　金属装饰效果

条的应用使毛衫有更加立体的装饰效果，并且也兼具了实用性；图5-9（b）~（d）为金属链条装饰毛衫，分别运用到前胸和颈部，使毛衫更具时尚和创意感；图5-9（e）（f）为金属纽扣装饰，图5-9（e）应用到门襟的排扣装饰设计，为毛衫整体设计增添时尚感；图5-9（f）多粒纽扣在肩部有序排列，随着肩颈曲线，纽扣也充满了律动感。

三、后加工产生的装饰及效果

毛衫成型后会根据风格特征有针对性地进行装饰加工，最终达到设计师的要求。后加工产生的装饰范围较广，方法和手段比较丰富，如刺绣、贴花、抽带和系带、绳饰、流苏、印花、手绘、成衣染色、动物皮毛拼接等。

（一）刺绣工艺形成的装饰效果

从古至今，刺绣工艺都是高级时装常用的装饰手法，如中国传统的旗袍、日本的和服、欧洲的婚纱都大量运用刺绣工艺。随着服装流行时尚的发展，服装的流行周期越来越短，消费者对服装时尚化、个性化要求越来越高，而精心设计的绣花可使服装更具审美性和时尚个性，因此绣花逐渐成为简单针织毛衫获得个性化花型图案的一种经典装饰手段，绣花的凹凸浮雕感、特殊的视觉肌理和触觉肌理外感，都能在一定程度上提升针织毛衫的附加值。尤其随着电脑刺绣的发展，设计师将独特的创造力和想象力运用在针织毛衫上，赋予针织毛衫以灵魂，使针织毛衫在具有实用性的同时，又具有很高的审美价值和观赏价值，在针织毛衫设计中起到了很好的装饰和美化作用。

刺绣是用针和线在织物或成衣上绣制的各种花纹图案的总称。随着毛衫时尚性外衣化的发展，刺绣成为针织毛衫中常用的一种后加工装饰手法。在刺绣工艺中，有与衣身同料同色、同料异色、异料异色的平面手绣；也有与机织物相结合的贴布绣；还有添加填充物的立体法式刺绣、特殊材料绣、电脑绣等刺绣手法，能够创造出更加时髦的毛衫款式。同时通过精细的刺绣花卉、明快的色彩组合、趣味的图案设计、立体的肌理让刺绣工艺在毛衫款式上的设计更加丰富多彩。

如图5-10所示为各类刺绣工艺毛衫。图5-10（a）为毛衫采用和毛衫本身相同材质相同色彩的毛线绣成植物花卉图案，体现时尚感。图5-10（b）为毛衫混合珠绣的手绣，用和毛衫本身色相相同的毛线和珠子，体现优雅感。图5-10（c）为毛衫运用电脑绣花，图案平整精致，体现雅致感。图5-10（d）为打籽绣毛衫，打籽绣是点绣的一种，也称"打籽"，是指每绣一针将丝线绕成粒状小疙瘩，将这些小疙瘩细密地排列成行，因每绣一针见一粒子，所以称为打籽绣。其特点是结实耐磨，颗颗饱满均匀，使绣品凸显立体感，从而呈现出一种类似浮雕的效果。图5-10（e）为特殊材料珠片绣毛衫，毛衫上的特殊材料绣可以为珠片绣、珠子绣、绳绣等。珠绣工艺把多种色彩的珠粒、珠片，经过专业绣工纯手工精制而成，具有珠光灿烂、绚丽多彩、层次清晰、立体感强的艺术特色。图5-10（f）为绳绣毛衫，绳绣又称绳股绣，属于特种绣，工艺是由电脑盘绳绣机在面料上进行绳子绣花等操作。

（a）同质同色平面手绣　　　　　（b）混合珠绣平面手绣　　　　　（c）异质异色电脑绣

图5-10

（d）打籽绣　　　　　　　　　（e）珠片绣　　　　　　　　　（f）绳绣

（g）轮廓绣　　　　　　　　　（h）法式绣　　　　　　　　　（i）镂空绣

图5-10　不同刺绣工艺的装饰效果

绳索的材质多样，如塑性材料、毛线、织带或者异质面料等，独特的设计感打造出不羁的个性单品。图5-10（g）为轮廓绣毛衫。轮廓绣，顾名思义就是给某个地方描边，也可用于填满空白处，一般和毛衫提花图案相结合，描绘提花图案边缘，让图案轮廓更加明显的同时也更加立体，充分展现了款式的手工制作感。图5-10（h）为法式立体刺绣毛衫，法式刺绣是运用一种名叫Lunéville的独特钩针在绣地上进行上下穿刺，形成的线迹为锁链绣的一种刺绣，同时结合各种手针刺绣的针法用丝线将水晶、亮片、钻石、珍珠等丰富的材料组合在一起，绣出造型感更强的立体图案，使毛衫彰显极致华丽。图5-10（i）为镂空绣毛衫，镂空绣又称雕花绣、雕绣，是抽纱中用布底绣花的主要手法。针法以扣针为主，有的花纹绣出轮廓后，将轮廓内挖空，用剪刀把布剪掉，犹如雕镂，故名镂空绣。

（二）贴布工艺形成的装饰效果

贴布绣又称为补花绣，是指按照设计的图案在面料上进行裁剪，然后将其贴绣在服装恰当位置上的装饰手法。贴布绣最早是用在服装的简单补衲及修饰上，后来发展成为服装装饰工艺的一种形式。贴片除了可以采购现成或者定制的电绣片，也可以通过手工钩编、裁剪等方法制作而成。采用贴布绣形成的图案造型精美、逼真，尤其是通过不同布料、皮料和原本布料的绣缝拼贴组成的图案，更能增添针织毛衫的趣味感、肌理感和立体感，装饰效果也更强，如图5-11所示为贴布绣毛衫。图5-11（a）毛衫通过精心手钩设计自然花卉花片做贴布效果，手钩贴片显得毛衫更加精巧华美；图5-11（b）毛衫采用了不同质感面料创意人物图案的贴布绣，让男装毛衫更显时尚化；图5-11（c）运用蕾丝感贴布绣，蕾丝和传统牡丹图案的结合，让毛衫更显奢华精致。

（a）手钩设计花片贴布绣　　　　　（b）创意人物贴布绣　　　　　（c）蕾丝贴布绣

图5-11 贴布绣装饰效果

（三）抽带和系带形成的装饰效果

抽带和系带是现代毛衫常用的装饰手法，将抽带与系带应用在不同位置可以产生不同的装饰效果。抽带与系带可以是多层次的混搭设计，在形式上通过长短、粗细、颜色的搭配进行设计，使毛衫整体具有丰富的层次感和设计感，如图5-12所示为抽带、系带毛衫。图5-12（a）用丝带在毛衫上进行穿绳工艺，在尾部进行蝴蝶结的绳结设计，长而宽的丝带飘逸灵动，有浪漫灵动的感觉；图5-12（b）毛衫在袖身开衩处融入异质异色绳带元素，使毛衫整体灵动个性；图5-12（c）毛衫在腰部细节处的抽带也可以自由调节、收放自如，更显洒脱随性；图5-12（d）毛衫上装饰性的穿绳是领部设计的重点，在套衫前领的三角形挖空处穿绳系带，同色的丝带与套衫的粗线条形成鲜明对比，流露出女性细腻的性感；图5-12（e）（f）毛衫通过在全身、领部等部位的各类穿绳打结方式，将抽绳与系带融于都市女性的潇洒着装中，让蝴蝶结在增添柔美气息的同时更突显潇洒利落。

（a）丝带穿绳1　　　　（b）丝带穿绳2　　　　（c）抽带穿绳

（d）系带穿绳　　　　（e）全身抽绳　　　　（f）花式系带领

图5-12　抽带、系带装饰效果

（四）流苏形成的装饰效果

流苏是一种以五彩羽毛或丝线等制成的下垂的穗子，古代用作车马、帐幕等的装饰品，很有飘逸悬垂之感。近年来，流苏成为时尚毛衫设计中常用的一种装饰方法，其表现方式及效果也变得别出心裁。在针织毛衫设计中，流苏通常可用于毛衫的领部、袖子、袖口、前胸、后背及下裙摆等部位，材质也变得丰富多彩，可以与毛衫本身同材质，亦或钻石等都可以作为流苏的装饰材料。如图5-13所示为流苏装饰毛衫，图5-13（a）毛衫通过同色同材质毛线进行流苏装饰，粗粗的线圈流苏在视觉上给人很强的厚重感，繁复的造型可以呈现很好的立体效果；图5-13（b）为钻石流苏毛衫，通过超长钻石流苏设计体现时装感；图5-13（c）毛衫通过在袖部使用同质不同颜色的纱线形成流苏装饰，撞色的流苏效果使得毛衫年轻活泼、有张力；图5-13（d）毛衫通过下摆垂坠感超强的同色流苏，搭配较修身的款式，体现柔美妖娆感；图5-13（e）毛衫通过裙摆的同色同质流苏增加了毛衫的飘逸、灵动和波西米亚感；图5-13（f）毛衫通过异材新用，把缎纱带、金属带等用作毛衫的流苏装置，材质与材质之间形成强烈对比，张扬个性。

（a）同色同材质流苏 （b）钻石流苏 （c）同材质异色流苏

（d）同色流苏 （e）同色同质流苏 （f）缎纱带流苏

图5-13　流苏装饰效果

（五）拼接其他材质形成的装饰效果

随着针织毛衫外衣化、时尚化以及全球经济结构的变化，消费者越来越珍视已拥有的物件，修补技术、再利用、拼接结构等应用受到更多关注。拼接成为可持续理念下重要的工艺，不仅能够满足人们对于服装个性化的需求，而且更加注重不同面料的视觉反应和实用性能在毛衫上的呈现，由此表达出不同的穿着风格。同时拼接工艺不仅能规避单一面料的局限性，还可以在现有服装面料的基础上大胆创新，达到质感多样以及层次丰富的视觉效果。在毛衫的最新流行中更加注重异质材料与毛衫在结构上的重组变化，柔软的毛衫与皮革、牛仔、蕾丝等面料形成的软硬对比，使针织毛衫整体感受更加硬朗帅气并兼具柔美。

1. 毛衫与蕾丝拼接效果

蕾丝拼接以局部点缀为主要设计手法，通过在衣身、领口、袖口、下摆等部位拼接打造精致的毛衫款式，增加立体层次感和视觉丰富性，强调女性的优雅气质。如图5-14所示为蕾丝拼接毛衫，通过在领部、衣身和肩袖的蕾丝拼接装饰，增加毛衫的时尚感和成衣感。

（a）领口蕾丝装饰　　　　（b）衣身蕾丝装饰　　　　（c）袖部蕾丝装饰

图5-14　蕾丝拼接的装饰效果

2. 毛衫与皮革皮草拼接效果

针织与皮革皮草的拼接使毛衫的保暖性、实用性、设计感更强，结合针法变化和款式细节的设计精巧使得针织毛衫更显帅气韵味，不失大气之感，同时鲜明的质感对比带来的强大气场还可增加高贵气质。如图5-15所示为皮革皮草拼接毛衫，通过在衣身、袖部的皮草、皮革拼接为毛衫增添厚重体积感，同时营造帅性温暖氛围。

（a）皮革拼接1　　　　　　（b）皮革拼接2　　　　　　（c）皮草拼接

图5-15　皮草、皮革拼接的装饰效果

3. 毛衫与其他材质拼接效果

现代毛衫设计中，除了常用的和蕾丝、皮草拼接外，还和牛仔、纱、雪纺、丝绸、羽毛、羽绒等面料形成不同的拼接装饰效果。如图5-16所示为其他材质拼接毛衫装饰效果，毛衫与大衣面料、牛仔、羽绒等的融合使得毛衫整体变得更加温暖和更加时装化；而毛衫跟纱质面料、雪纺等面料的拼接，让厚重的毛衫更显轻盈，也使得毛衫更具时尚化和外衣化。

（a）大衣面料拼接　　　　　（b）西装面料拼接　　　　　（c）牛仔面料拼接

图5-16

（d）薄纱面料拼接　　　　　　（e）衬衫雪纺面料拼接　　　　　　（f）羽绒面料拼接

图5-16　其他材质拼接的装饰效果

四、色彩和图案产生的装饰及效果

　　服装色彩和图案是一种具有装饰性的视觉艺术，在针织毛衫设计中，色彩与图案相辅相成，共同构成针织毛衫的视觉形式语言。毛衫中的花纹图案和机织服装一样，可以运用几何图案、动植物图案、现代装饰图案等；表达工艺手法可采用提花、印染、刺绣等。如图5-17所示为色彩和图案装饰毛衫，通过各类几何图案、动植物图案和相应的色彩结合，达到所需装饰效果，让毛衫的装饰性和时尚性更强。

（a）几何条纹图案　　　　　　（b）几何菱格纹图案　　　　　　（c）千鸟格图案

（d）费尔岛花纹　　　　　　　（e）植物提花图案　　　　　　　（f）趣味动物图案

（g）动物纹理图案　　　　　　　（h）人物图案　　　　　　　　（i）字母图案

图5-17　色彩、图案装饰效果

思考与练习：

1.针织毛衫基本装饰分类有哪些？

2.针织毛衫基本装饰方法有哪几类？

3.运用所讲四种装饰方法，分别进行毛衫款式装饰设计练习，每种方法设计一款针织毛衫。

第六章
针织毛衫整体设计

_____

本章知识点：

1.针织毛衫风格的定义及分类。

2.针织毛衫风格的特点。

3.针织毛衫设计灵感来源。

4.针织毛衫案例分析。

科技的进步和人们生活水平的提高，促进了针织毛衫产业向高质量高品质的方向发展，这就提出了对优秀毛衫设计人才的迫切需求。因此，了解针织毛衫设计的特点，提高设计师的针织毛衫设计水平非常重要。

设计是设计师有目的地进行艺术性的创造活动，针织毛衫设计既是工艺设计，也是一门艺术，它带有艺术设计的特点，强调风格、灵感和创意，了解针织毛衫风格、灵感、设计特点和规律，对于提高设计师的针织毛衫设计水平和针织毛衫品质非常重要。

第一节　针织毛衫设计风格

一、毛衫设计风格的定义及分类

（一）毛衫风格的定义

风格最初的含义来自罗马人用针或笔在蜡板上的刻字，指有特色的写作方式；后来是指艺术作品的创作者对艺术的独特见解和与之相适应的独特手法所表现出来的作品的面貌特征。一个艺术家、一个流派、一个民族，都会形成并表现出一定的风格。

毛衫风格是指某一个时代、某一个民族、某一个流派或某一个人的毛衫作品在形式和内容方面所显示出来的价值取向、内在品格和艺术特色。毛衫的风格反映了以下三个内容：一是反映了时代特色、社会面貌及民族的传统精神；二是体现了面料、技术水平的最新特点和审美；三是毛衫服装的功能性与艺术性要相互结合。

（二）毛衫设计风格分类

毛衫设计风格可以分为九大类，分别是休闲风格、运动风格、华丽风格、民族风格、复古优雅风格、波普风格、超大风格、解构风格、哥特风格。

（三）毛衫风格的意义

1. 造型意义

针织毛衫设计属于造型艺术的范畴，通过色、形、质的组合表现出一定的艺术韵味，风格是这种韵味的表现形式。当针织毛衫被当成一件艺术品来欣赏的时候，毛衫强调的就是它在某种风格上的造型意义。

2. 商业意义

针织毛衫作为商品在市场上流通，其风格虽然并不可以作为产品出售以创造价值，但其对企业所追求的无形利润是不可估量的，因为品牌服装要想在市场上具有竞争力，就要有区别于其他服装品牌的特点，而这种明显的区别之一就表现在针织毛衫的风格上。

二、毛衫设计风格的特点

（一）休闲风格

休闲风格是针织毛衫最常见的风格之一，以穿着与视觉上的轻松、随意、舒适为主；年龄层跨度较大，是适应多个阶层日常穿着的一类毛衫。该风格追求轻松、崇尚自然质朴的生活方式，款式有自己的独有特点。

在外轮廓方面，廓型较为宽松、简洁，以 H 型、A 型为主，大气、随意；在内结构方面，通常用改变纱线粗细、组织密度以及使用不同编织方法等产生不同效果，立体感强，手感丰富；在色彩方面，较为多样化，通过多种有彩色及黑白灰的设计，突出简洁、明快、挺拔、单纯、严格、坚硬的感觉；在局部细节设计方面，一般都是以大袖口、大衣领、口袋设计、拉链、绳带设计来表现休闲、舒适风格，泡泡袖、灯笼袖、羊腿袖也在近几年的款式中占据了重要位置；在色彩图案方面，常用绞花、条纹、几何图案等来体现休闲感；在面料方面，休闲风格毛衫的面料大都粗犷，突出前卫、锐利的特点，同时运用材料混搭设计，不同材质混搭拼接在一起，显得更为新颖时尚。如图6-1所示为休闲风格毛衫，图6-1（a）通过宽松的外轮廓造型体现休闲感；图6-1（b）通过组织结构产生立体感，整体呈现休闲大气感；图6-1（c）毛衫通过强烈的对比色配色，形成休闲洒脱感；图6-1（d）通过拉链细节和宽松的款式体现休闲舒适感；图6-1（e）采用经典的字母图案，体现休闲时尚感；图6-1（f）采用大衣面料异质相拼的手法，休闲味十足。

（a）外轮廓宽松休闲　　　　（b）内结构立体粗犷　　　　（c）色彩多样

（d）大廓型、拉链　　　　（e）字母图案　　　　（f）异质拼接

图6-1　休闲风格毛衫

（二）运动风格

针织毛衫的运动风格是指整个毛衫的外观形态充满活力，并借鉴运动服装的设计元素和设计特点，同时结合针织组织与工艺，运用流畅的点、线、面以及块状拼接、分割线、拉链、徽章等装饰设计，让整个设计富有活泼、自由的节奏感。

在廓型上，传统运动风格毛衫多以H型、O型居多，自然宽松，便于活动。随着时尚和新材料的发展，修身运动感毛衫成为新的时尚潮流；在色彩和图案上，一般色彩比较鲜明而响亮，白色以及各种不同明度的红色、黄色、蓝色等对比色配色在运动风格的毛衫中经常出现。图案形式也非常多样，经常用经典的几何条纹体现运动感。在最新的毛衫流行中，也有用格纹提花提升设计感，打造复古运动风。如图6-2所示为运动风格毛衫，图6-2（a）为毛衫通过H廓型、拉链及材质拼接，形成运动休闲感；图6-2（b）为毛衫通过红蓝对比色彩，体现运动风的活力感；图6-2（c）为条纹毛衫，打造经典运动感；

图6-2（d）为毛纱用格纹提花，体现复古运动感；图6-2（e）为毛衫运用宽松廓型、薄透的款式以及明亮的色彩，体现青春运动感，同时透明质感的纱线具有良好的透气性，是春夏运动套装的材质选择；图6-2（f）为运动感修身毛衫连衣裙，活力十足。

（a）H廓型、拉链　　　　　（b）红蓝对比色　　　　　（c）运动条纹

（d）复古运动感　　　　（e）透明质感的纱线　　　　（f）运动修身连衣裙

图6-2　运动风格毛衫

（三）华丽风格

华丽风格是人类唯美时尚观念竞相攀比的产物，这种风格凝聚了丰富的含蕴和优越的品质特点，在毛衫设计中，通常运用光亮的材质如亮片纱以及刺绣、提花和装饰等设计来体现华丽感。如图6-3所示为华丽风格毛衫，图6-3（a）为毛衫用隐提花工艺打造华丽感，将不同支数的纱线通过提花的手法编织出蕾丝效果，隐隐的暗透效果能够打造出精致、优雅、华丽的感觉；图6-3（b）为毛衫通过亮片纱的光泽感形成华丽的视觉感受；图6-3（c）为毛衫用珍珠配饰和纱裙搭配，营造华丽、优雅感。

| （a）隐提花效果 | （b）亮片装饰 | （c）珍珠配饰装饰 |

图6-3　华丽风格毛衫

（四）民族风格

民族风格是一个民族在长时期的发展中形成的本民族的艺术特征，是由一个民族的社会结构、经济生活、自然环境、风俗习惯、艺术传统等因素所构成的，是本民族所特有的，并为本民族多数成员所喜闻乐见，而其他民族没有的那一部分风格，如中国风格、波西米亚风格、印第安风格、非洲风格等。下面以中国风格、波西米亚风格为例来说明。

1. 中国风格

中国风格是建立在中国传统文化的基础上，蕴含大量中国元素并适应全球流行趋势的艺术形式或生活方式。中国风格常运用具有典型中国特色的立领、斜门襟、盘扣、流苏、刺绣、吉祥图案、生肖图案等设计元素。如图6-4所示为中国风格毛衫，图6-4（a）~（c）运用中国传统的款式细节如斜门襟、盘扣、立领，体现浓浓的东方味道；图6-4（d）~（f）运用中国传统的生肖图案虎、兔和吉祥图案牡丹，体现浓浓的东方韵味。

2. 波西米亚风格

波西米亚风格指一种保留着某种游牧民族特色的服装风格，其特点是鲜艳的色彩和手工装饰、洒脱的廓型、粗犷厚重的面料、蜡染印花、流苏、手工细绳结、刺绣和珠串，这些都是波西米亚风格的经典元素。如图6-5所示为波西米亚风格毛衫，通过宽松、洒脱的款式造型，艳丽的色彩，流苏、混搭设计，粗犷厚重的面料以及毛衫印花体现经典的波西米亚风情。

（a）立领盘扣元素

（b）立领、斜门襟盘扣元素

（c）盘扣元素

（d）生肖虎元素

（e）生肖兔元素

（f）传统牡丹图案元素

图6-4　中国风格毛衫

（a）款式、色彩元素

（b）厚重面料、流苏元素

（c）流苏元素

图6-5

（d）廓型、流苏元素　　　　　　（e）流苏、混搭元素　　　　　　（f）廓型、面料元素

图6-5　波西米亚风格毛衫

（五）复古优雅风格

优雅风格是18世纪欧洲音乐中的一种新风格，是巴洛克时代与古典主义之间音乐发展的枢纽，这种风格现象更能代表18世纪的时代精神。整体外观造型体现较强女性特征，兼具时尚、古典、成熟感；做工精细，多使用质地细腻的高档面料、花边、传统图案等，体现古典、优雅、匀称、自然的视觉感受。如图6-6所示为复古优雅风格毛衫，通过对称宫廷花边门襟、拉夫领、对称花边袖以及传统的X廓型、古埃及传统图案，体现了毛衫古典、优雅的风格特点。

（a）花边门襟元素　　　　　　（b）宫廷拉夫领元素　　　　　　（c）异质宫廷领元素

（d）花边袖元素　　　　　　　（e）复古图案元素　　　　　　　（f）传统图案元素

图6-6　复古优雅风格毛衫

（六）波普风格

波普艺术起源于20世纪50年代英国的波普设计运动，随后发展成为英美的主要艺术流派之一，其特点是将一些夸张的卡通、幽默的标语、报纸印刷图案、涂鸦、连环画或肖像拼贴等具有代表性的波普"符号"，运用各种手法把这些或具象或抽象的图案应用到毛衫设计上，使得毛衫具有趣味性、视觉感、韵律感以及运动感。波普艺术最主要的表现形式就是色彩和图形，波普艺术图案通常采用夸张的造型及艳丽活跃的色彩，以及图案元素的复制重组、图案设计的趣味拼贴、图案色彩的炫目个性、人物图像的运用等形成独特的艺术特性。其所具有的通俗化艺术特征，为现代人机械化的生活带来了趣味性，也使得毛衫设计的外衣化、成衣化、个性化形式越来越浓厚。如图6-7所示为波普风格毛衫，图6-7（a）是蒙德里安红黄蓝配色，并配以绿色，用色大胆，是最经典的波普风格的代表；图6-7（b）（c）用图案元素的复制重组设计，把几何图案经过有秩序地复制排列成为一个新的图案，配以强烈的色彩，形成强烈的视觉感受；图6-7（d）用绚丽多彩的图案配色，体现波普艺术强大的视觉感染力；图6-7（e）用人物图案装饰，体现浓郁的20世纪90年代波普风；图6-7（f）把日常生活中的事物图片作为图案元素，与人物形象、字母标语等时尚元素拼贴在一起，组成表现现代人生活风貌的波普艺术作品，让人耳目一新。

（a）艳丽活跃色彩

（b）图案元素复制重组1

（c）图案元素复制重组2

（d）炫目图案色彩

（e）人物图案的运用图案

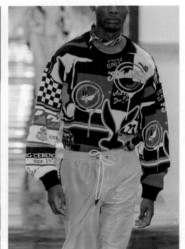
（f）设计的趣味拼贴

图6-7　波普风格毛衫

（七）超大风格

超大风格即近几年来流行的oversize风格，造型特别宽大宽松，带有随性与放松感，一直走在潮流趋势的前端。如图6-8所示为超大风格毛衫，图6-8（a）通过整体造型的宽大来体现超大风格；图6-8（b）（c）分别通过长长的袖子设计以及宽大的T型肩部设计体现毛衫的超大风格。

（a）宽大造型　　　　　　　　　　（b）大袖设计　　　　　　　　　　（c）夸张肩部设计

图6-8　超大风格毛衫

（八）解构风格

解构风格的造型特点围绕肢体支撑要求进行设计，通过调整服装外形，实现服装各种功能的重组，更加突出其艺术感，在此基础上进行服装内部结构的解析和重构，彰显服装的功能特征，最终使整个服装作品的内涵更加丰富。解构主义主张任何物体的结构都要通过动态的形式表现出来，并通过各种转移和改变结构，形成全新的服装样式。在改变一些毛衫结构后增加小装饰，如拉链、绳结、纽扣等，使造型更饱满，小细节的设计也为毛衫增加了设计美感。如图6-9所示为解构风格毛衫，图6-9（a）为毛衫采用肩领部开口倾斜、衣摆不对称、袖子长短不一、毛衫与机织面料拼接、组织结构的不同（绞花与罗纹）等设计细节，打破毛衫常用结构，呈现出不完整和不规律的形态，表现出个性、时尚、艺术、现代的张扬之美；图6-9（b）为毛衫通过调整外形轮廓，实现毛衫各种部件功能的重组，更加突出其艺术感；图6-9（c）为毛衫通过毛衫领的换位装饰设计，呈现了浓浓的玩味解构理念。

（九）哥特风格

哥特风格是指以哥特建筑为灵感的风格，局部尖锐，色调以黑色、暗色为主。哥特风格毛衫充满神秘、高贵和叛逆的感觉，设计师力求塑造奇特、诡异、凄凉、神秘的气氛。

整体设计呈现夸张和另类效果，并带有明显的中性感。在哥特风毛衫设计中还可以将清透的蕾丝和薄纱与毛衫面料相互运用，使得厚重强硬的哥特风格具有一些浪漫轻盈的女性气质。如图6-10所示为哥特风格毛衫，图6-10（a）毛衫通过肩部尖锐的夸张耸肩设计和黑色，体现了哥特建筑的尖锐特点；图6-10（b）毛衫用黑色搭配红唇体现哥特的神秘与诡异；图6-10（c）毛衫用红黑色搭配烟雾背景表现哥特的神秘风格。

（a）门襟、材质不对称设计　　　　　（b）毛衫部件功能重组　　　　　（c）夸张肩部设计

图6-9　解构风格毛衫

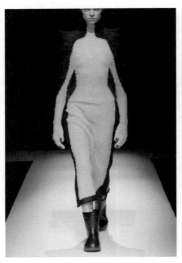  

（a）耸肩哥特造型　　　　　（b）诡异黑色造型　　　　　（c）神秘黑色造型

图6-10　哥特风格毛衫

第二节 针织毛衫案例分析

一、毛衫设计灵感概述

灵感也叫灵感思维，指文艺、科技活动中瞬间产生的富有创造性的突发思维状态，不用平常的感觉器官而能使精神互相交融，或指无意识中突然兴起的神妙能力，或指作家因情绪或景物所引起的创作情绪。

毛衫设计的实质表现其实就是创新，而创新需要特定的思维和方式，这种用于实现创新的元素即为灵感。设计师在设计过程中需要提前制订设计目标，然后依据设计需求对社会事物进行仔细观察来寻找设计灵感。设计并非是凭空捏造出来的，需要通过长时间的积累、探索以及研究，灵感才会出现。灵感的来源方式多种多样，可以从丰富多彩的传统民族服饰中激发创作灵感，也可以从实践中体会并获得灵感，更可以从别的艺术形式如音乐、绘画、电影中来寻找灵感，如迪奥系列服装设计的灵感来源就是东方折纸艺术、京剧艺术等。对于毛衫设计师来说，灵感是保证毛衫设计师持续性创新力和生命力的关键。

二、毛衫设计灵感启示

（一）音乐的启示

在悠悠的历史文化长河中，音乐是最早出现并无疑是最具感染力的艺术形式之一。音乐中的节拍形成节奏，音乐中不同乐音组成旋律，服装设计师从音乐中汲取设计灵感，成为服装设计不可忽视的灵感来源。

例如服装线条的长短、曲直、正斜，色彩的浓淡、清浊、冷暖，面积的大小，质地的刚柔、粗细、强弱，感觉的动静、抑扬、进退、升降等，组成了一个多姿多彩的韵律世界。意大利品牌Missoni经常利用条纹、锯齿状图案、几何图形、圆点、格纹有节奏地编织，让服装宛如一曲流动的音符，又似五光十色的交响乐。如图6-11所示为以音乐为灵感来源的毛衫，图6-11（a）为毛衫用色彩较强的直线交叉图案装饰，让人眼花缭乱，就像一场让人惊心动魄的交响乐；图6-11（b）为毛衫用有节奏感的条纹锯齿状图案，通过线条的粗细变化体现出强烈的节奏感，就像一曲节奏强劲的摇滚乐；图6-11（c）为毛衫用淡雅的曲线图案，节奏舒缓优雅，像极了一曲舒缓的古典音乐。

（a）直线图案　　　　　　　　（b）锯齿图案　　　　　　　　（c）曲线图案

图6-11　音乐启示

（二）仿生学的启示

仿生学是一门介于生物科学与技术科学之间的边缘科学，它将各种生物系统所具有的功能原理和作用机理运用于新技术工业设计中，为设计打开了另一片全新的领域。

在现代服装设计中，模仿生物界形态各异的造型而设计的作品往往别具魅力。欧洲著名工业设计家卢宝·阿莱尼在20世纪50年代初就指出："人类的任何问题，在自然界中都能找到答案。"西方18世纪的燕尾服、中国清代的马蹄袖以及现代的鸭舌帽、蝙蝠衫和仿羊腿造型的袖子等皆是仿生设计的经典实例。如图6-12所示为以仿生为灵感来源的毛衫，图6-12（a）为毛衫以羊腿袖的设计增强女性整体气场；图6-12（b）为花边袖毛衫，将女性柔美与个性独立融为一体，让毛衫更具时尚性和成衣性；图6-12（c）为喇叭袖毛衫，喇叭袖自带优雅甜美感，微微张开的袖口能够衬托出手臂的纤细与柔美；图6-12（d）为鱼尾裙造型毛衫，体现了优雅大气的感觉；图6-12（e）为荷叶边花边袖毛衫，花边效果体现毛衫的优雅感；图6-12（f）为泡泡袖毛衫，泡泡袖是富于女性化特征的廓型局部样式，展现甜美少女感。

（a）羊腿袖　　　　　　　　　（b）花边袖　　　　　　　　　（c）喇叭袖

（d）鱼尾裙　　　　　　　　（e）荷叶边花边袖　　　　　　　（f）泡泡袖

图6-12　仿生学启示

（三）艺术风格的启示

艺术之间是相通的，绘画中的线条与色块、各种不同的绘画流派、文学中服装造型意境的表达以及电视电影中优秀的服装设计等，均给设计师带来了无穷的灵感，如绘画艺术、波普艺术、欧普艺术等。如图6-13为以艺术为灵感的毛衫，图6-13（a）为欧普艺术风格毛衫，运用黑白几何元素繁杂的编排、交叉垒叠或色彩对比制造视觉上的变化，从而创造一种视幻觉效果；图6-13（b）为波普艺术毛衫，以波普人物为灵感，创意十足的波普艺术使毛衫更加生动，洋溢着前卫的艺术气息，打造出最具个性的艺术潮人形象；图6-13（c）是受凡·高星空作品启示而设计的毛衫，其自带艺术感和独特性，能更好地满足当代消费者的时尚需求。

（a）欧普艺术毛衫　　　　　　（b）波普艺术毛衫　　　　　　（c）绘画艺术毛衫

图6-13　艺术风格启示

（四）建筑学的启示

服装设计从建筑的造型、结构以及对形式美法则中汲取设计灵感由来已久，早在古希腊时期的裹缠式服装就明显受古希腊各种柱式的影响；在13世纪欧洲的妇女服装同样吸收了哥特式建筑的立体造型，从而产生了立体服装，高耸尖顶的"安妮"帽也与哥特式建筑有异曲同工之妙；当代法国时装大师皮尔·卡丹的飞肩造型也是受中国古典建筑翘角飞檐的启示。无论是传统的、还是现代的、灰色派的，或是近20年流行的新流派——光亮派的世界建筑艺术，都为针织毛衫的设计带来了新的启示。如图6-14所示为以建筑为灵感的毛衫，图6-14（a）为毛衫以高耸的肩部体现哥特建筑的耸立感；图6-14（b）为Missoni 2021年春夏锯齿状斜纹肌理毛衫，灵感源于建筑结构的立体层次感，色彩的融入让立体肌理富有流动感；图6-14（c）为设计师Dion Lee结合创新的建筑廓型设计的针织毛衫，毛衫设计以精裁板型凸显身体美感，构建出雕塑般的肌理线条。

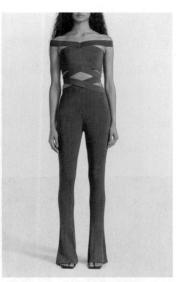

（a）耸肩设计　　　　　　　　（b）建筑立体层次感设计　　　　　　　（c）雕塑感设计

图6-14　建筑学启示

（五）民族服装的启示

由于民族习惯、审美心理的差异，造就了各个国家和民族不同的服饰文化。我国傣族婀娜的超短衫和筒裙、景颇族热情红火的花裙、印度鲜艳的纱丽等，都非常协调、优美，也为针织毛衫的设计提供了灵感来源。

在当今的针织时装设计潮流中，中国、印度、日本等东方风格的服饰细节大行其道，具有东方风格的提花图案、立领、绣花、流苏等元素的运用随处可见。我国有五十六个民族，丰富多彩的民族服饰可以为今天的针织毛衫设计提供丰厚的灵感源泉。如图6-15所示为以民族服装为灵感来源的毛衫，图6-15（a）（b）是以中国传统的牡丹图案和流苏装饰为灵感的毛衫设计，体现浓郁的中国风情；图6-15（c）是以印第安老鹰图案为灵感的毛衫，体现浓郁的印第安风格。

（六）环境的启示

这几年，从生活上节能减排、绿色发展已经成为一种新的生活方式，毛衫行业也正面临着转型。绿色设计和可持续发展成为领域新思路，越来越多企业开始重视对环保材料与工艺的研究，"生物设计""减塑行动""材料创新"等概念呼之欲出。

人类与生俱来的对新事物孜孜以求的态度是形成服装循环渐变的重要因素，因为在社会大文化背景下所产生的新事物往往能左右服装流行风潮，如回归大自然风、崇尚复古的风潮、可持续时尚风、环境保护风等。如图6-16所示为受环境启示设计的毛衫，图6-16（a）为受废弃棉（Recycle Cotton）的循环再利用启示设计的毛衫，回收棉与涤纶混纺结合镂空针法，体现了可持续设计和时尚的完美结合；图6-16（b）为纯天然的牦牛绒原色毛衫，未经任何化学品处理，体现自然环保的理念；图6-16（c）为以污染环境的雾霾为灵感色的毛衫，提醒人们保护环境。

（a）中国风牡丹图案毛衫　　　　　（b）中国风流苏装饰毛衫　　　　　（c）印第安风毛衫

图6-15　民族服装启示

（a）废弃棉纱线毛衫　　　　　　（b）原色牦牛绒毛衫　　　　　（c）雾霾蓝色针织毛衫

图6-16　环境启示

三、毛衫设计案例分析

在毛衫设计中，首先必须要确定设计主题，然后根据主题寻找灵感来源，再进行毛衫的组织结构设计、色彩设计、造型设计和装饰设计等。

（一）主题系列设计案例一：隐

1. 灵感来源

本设计主题灵感源于科幻电影《沙丘》，电影讲述了富有天赋的年轻人保罗，为了确保家族的未来延续，远行至宇宙中最危险的行星，勇敢地战胜了抢夺人类资源的敌对势力的故事。设计师将大自然的元素巧妙融入设计中，在服饰功能上，以强调机能性为主，功能性的面料让服装增添了在不同环境之下的实用性，体现出人类在恶劣环境下对于未知新世界的探索，以及提醒人类要保护环境、保护家园。

2. 色彩设计

配色方面以泥土色系和大地色等灰棕色系为主，以营造出一种破败感，还原人类对于"末日"画面的联想以及对于绿色生存环境的渴望，如图6-17所示为主题"隐"的主题灵感来源和配色方案。

图6-17 "隐"主题灵感板及配色方案

3. 款式和装饰设计

如图6-18所示为主题"隐"的廓型灵感板。本系列以大廓型为主,结合如破坏、拼接等解构设计手法,营造出一种虽然残破但又通过各种力量凝结到一起的感觉。同时为了表达能够在恶劣的末日环境下生存,在细节设计上体现出较强的功能性,运用了可穿戴拆卸的配件如立体口袋、兜帽、再造背包元素等,并加以荷叶边、铁环和腰带等装饰元素,突出实用性的同时又略带柔美,系列设计效果图和款式图如图6-19、图6-20所示。

图6-18 "隐"廓型灵感板

图6-19 "隐"系列设计效果图和款式图1

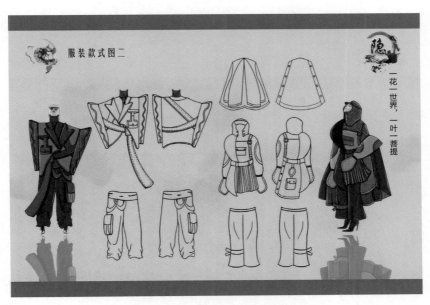

图6-20 "隐"系列设计效果图和款式图2

4. 工艺和组织设计

本系列采用针织面料与其他面料相拼接的工艺，并对部分面料运用做旧、水洗等工艺，让整个系列毛衫呈现出一种旧、脏以及粗糙的感觉，意图说明环境破坏下物资的匮乏和保护环境、环保的理念，如图6-21所示为"隐"主题系列的工艺设计说明。

图6-21 "隐"系列工艺说明

在针织组织结构设计方面，有字母元素部分采用芝麻点提花编织，面料平整图案清晰，大身其余针织部分采用满针罗纹编织，更显挺括。图6-22为提花面料小样。

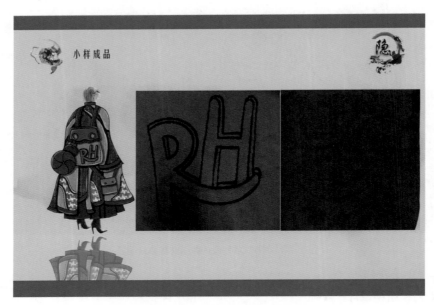

图6-22 "隐"系列针织面料小样

（二）主题系列设计案例二：不菇独

1. 灵感来源

本设计灵感源于一首儿童小诗："蘑菇是寂寞的小亭子，只有雨天青蛙才来躲雨，晴天青蛙走了，冷冷清清。""菇"与"孤"同音，由此联想到雨后破土而出的小蘑菇，每一颗蘑菇都是孤独且脆弱的，但许许多多的蘑菇聚在一起便是一道靓丽多彩的风景线，意在强调在当前背景下人们战胜困难的决心。图6-23所示为"不菇独"系列主题灵感板。

2. 色彩设计

本系列色彩均提取于与蘑菇相关的颜色，蓝色是蘑菇望向天空的色彩，棕色是蘑菇脚踩的广袤大地。蓝色与棕色碰撞在一起时强烈又互补，两个色系营造出较强的视觉冲击性，来突显人类战胜困难的决心。图6-24所示为"不菇独"系列色彩灵感板。

3. 款式和装饰设计

本系列设计在廓型上采用O型、A型等设计，更大程度贴合蘑菇的外形，由蘑菇的伞盖菌丝联想到了褶裥纹理，因而在裙摆、袖子处运用了重叠的设计，同时褶裥细节设计也给毛衫增添了浪漫的色彩。图6-25所示为"不菇独"系列廓型灵感板。

灵感板

灵感来源于一首儿童小诗
"蘑菇是寂寞的小亭子，
只有雨天青蛙才来躲雨，
晴天青蛙走了，冷冷清清。"
"菇"与"孤"同音，由此联想到雨后破土
而出的小蘑菇，每一颗蘑菇都是孤独且脆
弱的，但许许多多的蘑菇聚在一起便是一
道靓丽的风景线。

图6-23 "不菇独"系列主题灵感板

不菇独 色彩板

全系列颜色均提取于蘑菇本身的色
彩，蓝色是蘑菇望向天空的色彩，棕色
是蘑菇脚踩的广袤大地。蓝色与棕色碰
撞在一起时强烈又互补，突显秋冬的氛
围感。

图6-24 "不菇独"系列色彩灵感板

不菇独 廓型板

层叠量感袖子
凹凸、镂空

蘑菇形廓型
褶裥

在廓型上采用
O型、A型等设计，
更大程度贴合蘑菇的外
形，由蘑菇的伞盖菌丝联
想到了褶裥纹理，因而在
裙摆、袖子处运用了重叠
的设计，褶裥设计也给
服装增添了浪漫的色彩。

大廓型

图6-25 "不菇独"系列廓型灵感板

图6-26为"不菇独"系列设计效果图，图6-27、图6-28为"不菇独"系列设计款式图。整个系列在大廓型的框架下，通过层叠袖子、木耳边袖口、波浪或不规则裙下摆等褶皱设计来表现不同蘑菇伞盖背面的特殊纹理，塑造优雅和浪漫感。

图6-26 "不菇独"系列设计效果图

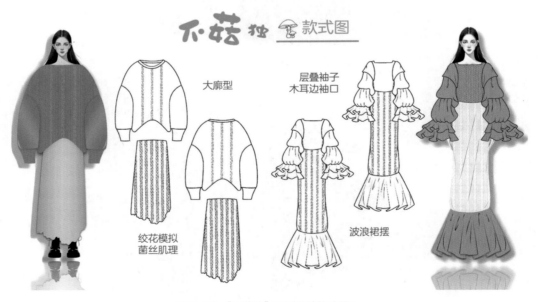

图6-27 "不菇独"系列设计款式图1

款式图

连身裙
木耳边装饰

肩部假两件设计

层叠袖子

直筒大下摆

连褶裙身

不规则下摆

图6-28 "不菇独"系列设计款式图2

4. 工艺和组织设计

在工艺和组织设计上，主要采用2+1罗纹、绞花组织和变化纬平针组织相结合。粗针的罗纹和绞花组织能让毛衫部分造型更加挺括具有立体感，而变化纬平针组织可以模拟蘑菇肌理，契合了本系列毛衫浪漫、细腻又不失坚强的主题。图6-29所示为"不菇独"系列组织结构及织物小样图。

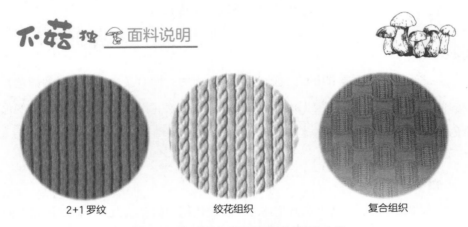

面料说明

2+1罗纹

绞花组织

复合组织

图6-29 "不菇独"系列组织结构及织物小样

（三）主题系列设计案例三：云岫

1. 灵感来源

本系列设计灵感源于古诗《万卷楼记》："烟岚云岫，洲渚林薄，更相映发，朝暮万态。"描述了重峦叠嶂的山河无边无际，云雾缭绕，织出一段锦绣风景的美丽画卷。本设计以此美丽的环境为本系列毛衫设计灵感，试图通过针织毛衫的自然纹理和色彩表达对祖国大好河山、美丽环境的热爱。图6-30所示为"云岫"系列主题灵感来源板。

重峦叠嶂的山河无边无际，云雾缭绕，织出一段锦绣风景。主要采用拼接和拼贴的手法，将不同针法的面料结合，表现肌理和款式。

图6-30 "云岫"系列主题灵感来源板

2. 色彩设计

在色彩设计上，主要提取山峰的色彩，深邃而有力，同时又选择了云雾的颜色，朦胧缥缈。因此毛衫整体以蓝黑色为主色调，加以深浅的变换，以此代表山峰的色彩变化，同时用白色作点缀，形成强烈对比，在沉郁的色调中，更添加了一丝轻快和活泼。图6-31为"云岫"系列色彩灵感板。

3. 款式和装饰设计

在整体廓型设计上，以A型和H型这种比较现代简约的廓型为主，同时用宽大的裤子和裙摆体现飘逸感，简约的廓型给系列中所应用到的装饰设计很大发挥空间。图6-32为"云岫"系列廓型灵感板。

色彩趋势

　　提取了山峰的颜色，深邃而有力，主要是以蓝黑色为主色调，加入云的白色，增强对比。

图6-31　"云岫"系列色彩灵感板

廓型设计

　　在整体廓型上，多运用A/H字廓型，宽大的裤子和分片式的裙摆也有一种飘逸之感。

图6-32　"云岫"系列廓型灵感板

图6-33~图6-35为"云岫"系列设计效果图和款式图。如图所示款式中，有的运用H型的修身连衣长裙设计，袖子处加以抽褶设计使针织袖变得更加夸张；有的采用H型的上下套装设计，上衣是宽松敞开的袖子，袖口处配以流苏装饰，下身是休闲的阔腿裤，整体显得更加飘逸，腰间用宽大的衣袖作为腰带，提高了腰线位置的同时也提升了时尚感；有的采用A廓型设计，上身是有小羊腿袖的露肩马甲式开衫，下身是用裙撑支撑的大裙摆及踝长裙，融合了西方宫廷式的优雅，让毛衫呈现礼服感；有的采用H型的左右分片式裙设计，配上半西装式披肩，柔和中带着锐利的气质。

4. 工艺和组织设计

在工艺上，运用了拼接和拼贴的手法，将针织面料和机织面料、薄纱等进行组合设计，针织面料主要运用绞花、提花和罗纹组织等，不仅形成明显的凹凸立体效果，还可形成山峰的图案效果，机织面料进行再造设计，展现更多的立体肌理感，两者结合可表现出一种类似山林、云雾的质感。图6-36所示为"云岫"系列面料工艺说明，图6-37为用提花工艺编织的山峰图案针织小样。

图6-33 "云岫"系列设计效果图

图6-34 "云岫"系列设计款式图1

图6-35 "云岫"系列设计款式图2

面料说明

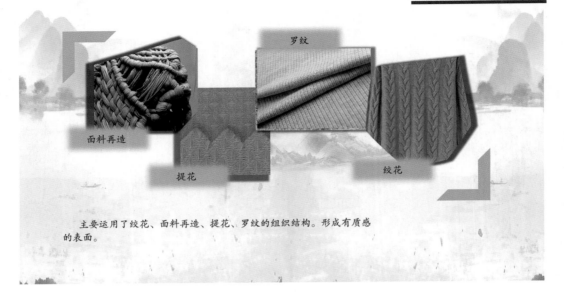

主要运用了绞花、面料再造、提花、罗纹的组织结构。形成有质感的表面。

图6-36 "云岫"系列面料工艺

面料小样

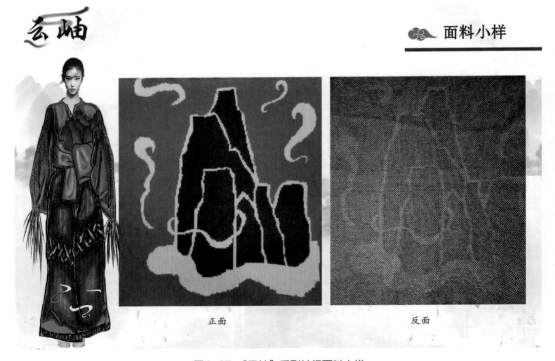

图6-37 "云岫"系列针织面料小样

（四）主题系列设计案例四：破晓

1. 灵感来源

"破晓"系列设计灵感源于植物大花蕙兰，"破晓"寓意新生，植物大花蕙兰极富生机，与主题交相呼应。大花蕙兰既有国兰的幽香典雅，又有洋兰的丰富多彩，花型豪放壮丽，花朵高贵优雅。本设计从花朵解构入手，结合水墨元素，运用提花组织、绞花组织等工艺进行针织纹理设计，丰富毛衫细节。

2. 色彩设计

本系列设计以绿色和灰色为主色调，绿色具有自然美，充满生机与活力，灰色给人稳健之感，予人舒缓平和的视觉感受；运用多种明度的绿色与灰色进行色彩搭配与表达，使系列毛衫既富有清新与自然之感，同时又具有典雅复古之气韵。图6-38为"破晓"系列主题灵感和色彩板。

图6-38 "破晓"系列主题灵感和色彩板

3. 款式和装饰设计

本系列毛衫整体廓型以H型、A型为主，展现中性风格。在设计中突出强调肩部轮廓和领部造型，同时运用圆形图案、交叉绳条进行装饰，并结合水墨元素和针织纹理，塑造整体水墨风格，通过在大廓型之中增添小细节，来丰富针织服装的视觉感受。图6-39为"破晓"系列廓型灵感板。

图6-39 "破晓"廓型灵感板

图6-40~图6-42为"破晓"系列设计效果图和款式图，在款式设计中分别以大花惠兰的花瓣、花苞和整体花型为廓型灵感进行了整体的造型设计，配以羊腿袖和灯笼裤，加以交叉绳条、层叠的荷叶边装饰，极具立体感和设计感。

4. 工艺和组织设计

在工艺上，采用针机织面料组合应用，并运用不同的针织组织结构来显示不同的纹理和图案效果，如运用花纱呢，塑造面料肌理感；运用芝麻点提花组织，加以钉珠装饰增添面料灵动感；运用绞花组织，营造面料立体感；运用空气层提花组织，增加面料平整度和厚实感。多种面料和组织结合应用，使系列毛衫更具创意。图6-43为"破晓"系列工艺说明面料小样图。

图6-40 "破晓"系列设计效果图

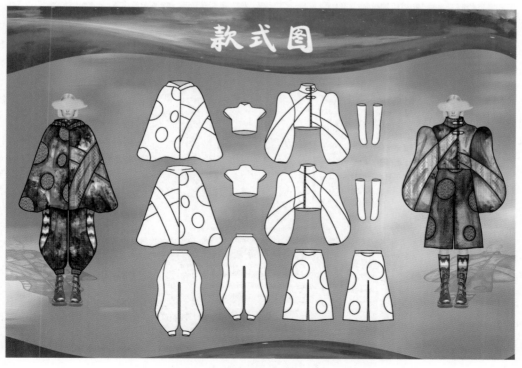

图6-41 "破晓"系列设计款式图1

图6-42 "破晓"系列设计款式图2

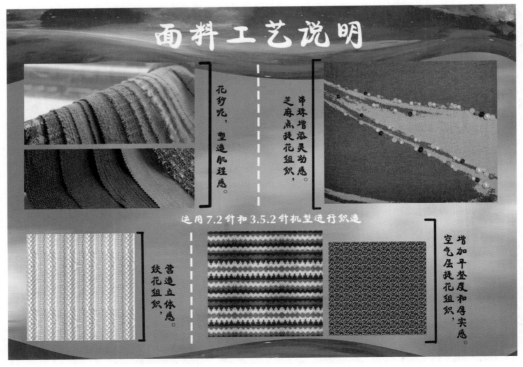

图6-43 "破晓"工艺说明和面料小样

（五）主题系列设计案例五：澜

1. 灵感来源

《睡莲》是印象派绘画最具代表性的大师克劳德·莫奈晚年的作品，以令人叫绝的技法，在垂直的平面上描绘出波光粼粼的水面向远处延伸的视觉效果，呈现出水光花影，斑驳闪耀的景象。"睡莲"自古以来就是新生的象征，本系列设计以睡莲作为灵感，意在表达都市快节奏女性的朝气蓬勃、不懈努力的精神。图6-44所示为"澜"系列主题灵感板。

图6-44 "澜"系列主题灵感板

2. 色彩设计

色彩上以莫奈的油画为灵感来源，从油画《睡莲》中提起灵感色，以青色、绿色、蓝色为主色，橙黄色等为辅色，色彩绚丽，以此来表达对大自然的热爱。图6-45为"澜"系列色彩灵感板。

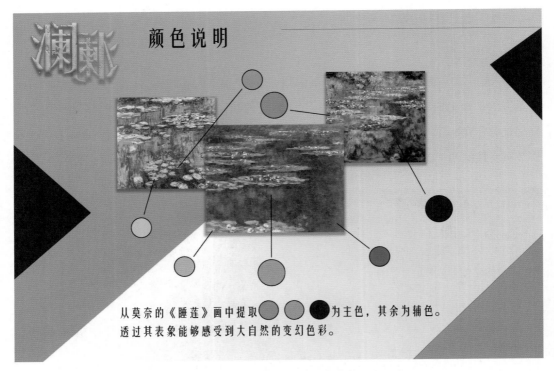

图6-45 "澜"系列色彩灵感板

3. 款式和装饰设计

廓型设计上以O型为主，突出强调外部轮廓线，同时用层次分明的荷叶边加以装饰，让造型感更强烈，如图6-46所示为"澜"系列廓型灵感板。

图6-47为"澜"系列设计效果图，图6-48、图6-49为"澜"系列设计款式图。款式一（图6-48左）上半身为超大廓型外套，外套袖子采用绑带设计，底摆用蕾丝修饰，里面是一条贴身无袖针织连衣裙，下摆层次分明，有飘逸感。上衣跟下半身裙子由绑带连接，最外边的装饰是由一片又一片的针织面料拼接而成的类似荷叶的形式，层层递进，色彩丰富，大气不失优雅。款式二（图6-48右）领子是类似复古宫廷领的改良，上衣是一件加长袖子的毛衣，加长袖子正面同样采用绑带修饰，里面用针织打底衫和背心马甲相配，背心马甲有蕾丝边修饰，更显俏皮可爱，下半身用绑带和针织直筒裙连接。外套表面的荷叶片装饰层次分明，错落有致，整体节奏感舒适，色彩丰富，像莫奈的作品给人光影重叠、如梦似幻的感觉一样。款式三（图4-49左）内里是一件无袖针织连衣裙，腰部有绑带收腰设计，裙底配有开衩，裙摆有菱形图案装饰，颜色从上往下由浅入深。大外套采用绕颈悬挂形式，体现创意感，同时在衣袖上采用层叠的荷叶边装饰，层次分明，整体看上去和谐美丽，呈现一个大"O"的形状。款式四（图4-49右）采用直筒针织裙设计，裙身用绑绳工艺把高领、衣身连接起来；裙摆底部和款式三

图6-46 "澜"系列廓型灵感板

图6-47 "澜"系列设计效果图

相同，采用菱形图案设计，颜色从上至下由浅入深，看上去更加成熟稳重，整体呈现"H"型；外边的荷叶片装饰呈"X"分布，但又有点不规则，像一只蝴蝶停在胸前，看上去富有生机。

图6-48 "澜"系列设计款式图1

图6-49 "澜"系列设计款式图2

4. 工艺和组织设计

整个系列采用大面积的罗纹和空气层提花组织，部分区域运用正反针结合的变化组织，使面料更加立体。图6-50所示为空气层针织提花组织的实物小样，织物两面具有不同颜色相同图案的效果，看上去别有洞天。

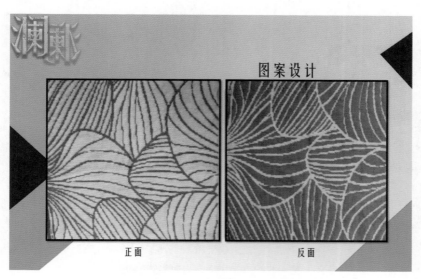

图6-50 "澜"系列针织面料小样

（六）主题系列设计案例六：铃兰邀约

1. 灵感来源

春天万物复苏，是一个充满希望和活力的季节，铃兰代表冬去春来，花语是"带来好运""幸福归来"。它状如响铃，洁白无瑕，优雅静谧，清香四溢。本系列设计灵感源于像一个个小风铃的洁白清秀的铃兰花，铃兰花纤细的枝条和玲珑的花朵充满生机，寓意青春活力，和铃兰相约，意味着拥抱自然，回归纯真。图6-51为"铃兰邀约"系列主题灵感板。

2. 色彩设计

色彩上提取了铃兰花本身的颜色——绿色为主色调，辅以偏白的淡黄色，通过不同明度、纯度绿色的应用使色彩更加多变和丰富。图6-52为"铃兰邀约"系列色彩板。

3. 款式和装饰设计

在廓型上，采用了A型和H型两种较为宽松的板型，加以解构和叠穿手法呈现不一样的视觉感受，让整体效果充满灵动感。图6-53所示为"铃兰邀约"系列廓型板。

灵感源于像一个个小小风铃的洁白清秀的铃兰花。铃兰纤细的枝条和玲珑的花朵充满生机，寓意青春活力。

图6-51 "铃兰邀约"系列主题灵感板

本系列采用绿色为主色调，主要提取铃兰本身的颜色，充满生机与活力。

图6-52 "铃兰邀约"系列色彩板

在廓型上都采用了宽松的板型，利用解构和叠穿呈现不一样的视觉效果，再加上充满生机的颜色，设计了两套裙子和两套上衣加裤子的组合，既有少女感也充满活力感。

图6-53 "铃兰邀约"系列廓型板

图6-54为"铃兰邀约"系列设计效果图，图6-55、图6-56为"铃兰邀约"系列设计款式图。款式一（图6-55左）采用上短下长的方式，短针织上衣配喇叭裤，喇叭裤采用褶裥设计，外形如花一般绽放，浪漫唯美；款式二（图6-55右）采用高领开衩毛衫长裙拼接机织面料，配以修身胸衣马甲，尽显性感妩媚；款式三（图6-56左）利用长短不一的拼接设计，配以"袖子"形状绑带，形成解构外观；款式四（图6-56右）采用长衬衫搭配毛背心和罩衫，形成叠穿外观，配以针织裤和靴子设计，给人一种自由帅气的感觉。

4. 工艺和组织设计

在工艺上，采用针织面料和机织面料的拼接；针织面料采用提花、罗纹、纬平针、双反面和挑孔组织组合，提花用来形成图案效果，罗纹可以形成凹凸的纵条纹，纬平针表面较为平整，双反面可形成凹凸的横条纹，挑孔不仅可以形成镂空效果，还可以形成结构上的图案，各种组织和面料的结合可使系列设计更具特色，如图6-57所示为"铃兰邀约"系列面料工艺说明。图6-58为针织面料小样，采用芝麻点提花形成铃兰花图案，配以深浅不一的绿色系，形成雅致的视觉感受。

图6-54 "铃兰邀约"系列设计效果图

图6-55 "铃兰邀约"系列设计款式图1

图6-56 "铃兰邀约"系列设计款式图2

图6-57 "铃兰邀约"系列面料工艺

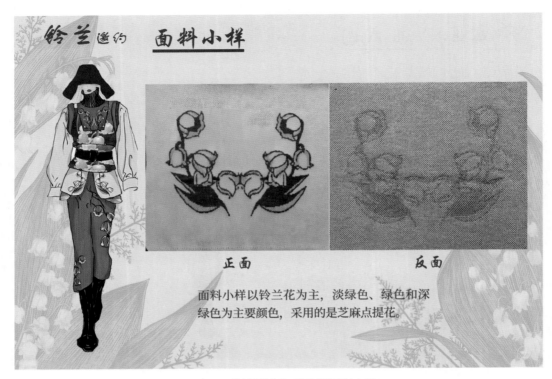

图6-58 "铃兰邀约"系列针织面料小样

思考与练习：

1.了解和掌握针织毛衫设计风格特点和灵感来源。

2.查询流行趋势网站，进行毛衫风格分析。

3.综合运用所学知识进行毛衫系列主题设计，并进行小样的试织。

参考文献

[1] 唐颖,沈雷.针织毛衫色彩设计特点探析［J］.纺织导报,2007（12）:93-95.

[2] 沈雷.针织毛衫造型与色彩设计［M］.上海:东华大学出版社出版,2009.

[3] 董燕玲.基于消费者审美取向的毛针织服装色彩设计方法研究［D］.杭州:浙江理工大学,2017.

[4] 梁军,朱剑波.服装设计:艺术美和科技美［M］.北京:中国纺织出版社,2011.

[5] 颜晓茵.利用组织的装饰设计对毛衫风格的影响［J］.纺织导报,2013（6）:99-101.

[6] 刘光初.装饰工艺在针织毛衣设计上的运用［D］.上海:东华大学,2003.

[7] 刘天蓬.装饰工艺在针织时装设计中的应用［J］.针织工业,2015（9）:60-63.

[8] 沈雷.针织服装艺术设计［M］.北京:中国纺织出版社,2019.

[9] 宋晓霞,王永荣.针织服装色彩与款式设计［M］.上海:上海科学技术文献出版社,2013.

[10] 张英,周俊飞.刺绣在针织服装中的装饰作用［J］.浙江纺织服装职业技术学院学报,2014,13（3）:55-58.

[11] 周洪华,连燕.波西米亚风格毛衫设计特点研究［J］.毛纺科技,2013,41（6）:27-33.

[12] 林松涛.针织毛衫设计探讨［J］.山东纺织科技,2004,45（5）:40-42.

[13] 刘艳君,李素英.毛针织服装风格综合评价中主因子的确定［J］.毛纺科技,2005（7）:5-8.

[14] 郭凤芝.针织服装设计基础［M］.北京:化学工业出版社,2008.

[15] 曾丽.针织服装设计［M］.北京:中国纺织出版社,2018.

[16] 沈雷,吴艳,罗志刚.针织毛衫设计创意与技巧［M］.北京:中国纺织出版社,2009.

[17] 柯宝珠.针织服装设计与工艺［M］.北京:中国纺织出版社,2019.

[18] 陈彬.时装设计风格［M］.上海:东华大学出版社,2019.

[19] 金枝.针织服装结构与工艺［M］.北京:中国纺织出版社,2015.

[20] 谭磊.针织服装设计［M］.北京:中国纺织出版社,2018.

[21] 李学佳.成形针织服装设计［M］.北京:中国纺织出版社,2019.